近代力学在中国的传播与发展

武际可 编著

高等教育出版社

图书在版编目(CIP)数据

近代力学在中国的传播与发展／武际可编著．
—北京：高等教育出版社，2005.11(2006重印)
ISBN 7-04-018316-1

Ⅰ.近… Ⅱ.武… Ⅲ.力学－物理学史－中国－近代 Ⅳ.O3-092

中国版本图书馆 CIP 数据核字(2005) 第 117445 号

出版发行	高等教育出版社	购书热线	010-58581118
社　　址	北京市西城区德外大街4号	免费咨询	800-810-0598
邮政编码	100011	网　　址	http://www.hep.edu.cn
总　　机	010-58581000		http://www.hep.com.cn
		网上订购	http://www.landraco.com
经　　销	蓝色畅想图书发行有限公司		http://www.landraco.com.cn
印　　刷	北京佳信达艺术印刷有限公司	畅想教育网	http://www.widedu.com
开　　本	787×960 1/16	版　　次	2005年11月第1版
印　　张	13.75	印　　次	2006年11月第2次印刷
字　　数	150 000	定　　价	27.50元

本书如有缺页、倒页、脱页等质量问题，请到所购图书销售部门联系调换。

版权所有　侵权必究
物　料　号　18316-A0

责任编辑　王　超
书籍设计　刘晓翔
责任绘图　朱　静
责任印制　朱学忠

卷首话

> 为什么现代科学只在欧洲文明中发展，而未在中国（或印度）文明中成长？[①]
>
> 　　　　　　　　　李约瑟

　　要了解中国力学的现在与未来，就必须认识它的过去。

　　而要了解它的过去，就必须从头与中国的力学事件打交道。遗憾的是，在浩如烟海的中国历史文献中，关于力学的记载实在太少了。究其原因，一方面是因为中国的史官们只重视政权巩固与变换的历史，而对科学技术的发展很少有兴趣；另一方面，也由于早先中国人本身对自然科学也实在兴趣不大。尽管这样，中国的自然科学，特别是近代力学，是怎样从无到有地慢慢发展起来，还是值得认真考究的。本书所说的"近代力学"是指从文艺复兴开始，即从斯梯芬、伽利略、惠更斯、牛顿以及后来直至当今许多力学家发展的力学。

　　作者在进入力学领域教学与研究近半个世纪中，对于力学的发展历史，产生了浓厚的兴趣。于是从开始阅读我国早期引进力学

[①] 刘纯，王扬宗编.中国科学与科学革命.沈阳：辽宁教育出版社，2002.83

时翻译的西方著作开始，然后了解这些作者和译者的情况，最后逐渐思考我国的力学发展为什么如此缓慢。恰好近年来学术界对所谓"李约瑟难题"，即现代科学为什么没有在中国成长的讨论又热烈了起来。作者对这个问题也非常有兴趣。力学是近代科学的领头羊，近代科学正是从力学开始的。所以了解中国力学发展的情形多少对回答李约瑟难题会有些帮助。

对于中国科学技术的发展历史，幸好从20世纪起，有如任鸿隽、竺可桢、李约瑟、范岱年等一大批先行者，近年来又有一批出色的研究者，如朱照宣、戴念祖、江晓原等，他们写了许多文章，积累了许多资料，出版了一批有分量的研究专著。笔者充分利用了这些论文与出版物中的资料，初步整理了有关中国现代力学的发展脉络。由于作者水平，也由于笔者接触到的史料有限，错误和遗漏之处，在所难免，敬请读者指正。

作者感谢戴念祖教授给作者提供他的有关力学史和物理学史的著作。感谢台湾大学杨永斌教授提供台湾力学界的有关资料。

作者感谢国家自然科学基金委员会10172002项目的资助。

目 录

前 言 1
- 1 中国没有产生近代力学 2
- 2 近代力学在中国传播与发展的概况 14

第一章 明末清初西方力学的传入 17
- 1 西学东渐与近代力学的早期传入 18

1.1 明末清初西人在中国对自然科学的传播 18

1.2 徐光启的科学活动 22

1.3 汤若望的科学活动及其遭遇 25

1.4 顺治和康熙时代新思想的传播 30

- 2 《远西奇器图说》——一部伟大的科学启蒙著作 34

2.1 《远西奇器图说》取材的来源 34

2.2 《远西奇器图说》的内容 38

2.3 四库全书对《远西奇器图说》的介绍 42

- 3 康熙皇帝时期对西学的学习 43

3.1 康熙皇帝向西方的学习 43

3.2 康熙皇帝向西方学习的成就和局限性 45

- **4 雍正和乾隆的关门政策与乾嘉学派 47**
  - 4.1 雍正的禁教与乾隆的闭关 47
  - 4.2 阮元与他的《畴人传》 50
- **5 明末清初力学在中国传播的总的情况 53**

第二章 晚清时期现代力学的传播 57

- **1 翻译局的成立和对西方力学著作的翻译 59**
  - 1.1 同文馆的力学教育与研究 59
  - 1.2 其他翻译机构的工作与学校的成立 62
  - 1.3 西人在华设立的学校和科学技术出版组织 64
- **2 几位著名的翻译家 66**
  - 2.1 李善兰——近代科学的先驱 66
  - 2.2 傅兰雅——在中国传播西学的大师 74
  - 2.3 王韬与徐氏父子 76
- **3 几部重要的力学译著 79**
  - 3.1 以中文最早系统介绍日心说的著作
      ——《海国图志》与《谈天》 79
  - 3.2 最早以中文介绍牛顿力学的著作——《重学》 82
  - 3.3 中文最早系统的声学著作——《声学》 85
  - 3.4 一部集应用力学与汽机基础大成的著作——《汽机必以》 86
- **4 现代理工科教育的开始 88**
  - 4.1 中国第一所由政府筹办的大学——北洋大学 89
  - 4.2 全面向西方学习方针的产物——京师大学堂 89
  - 4.3 开省办大学先河的山西大学 95
- **5 小 结 96**

第三章 民国时期现代力学在我国的传播与发展 99

■ 1　新文化运动和科学 100

1.1　严复与陈独秀 100

1.2　中国科学社和《科学》杂志 103

1.3　李约瑟难题与科学人生观的论战 105

■ 2　中华工程师学会 110

2.1　詹天佑与中华工程师学会 110

2.2　其他工程学会的建立 112

■ 3　与力学有关的研究所和高等学校
　　　与力学有关的系科的建立 114

3.1　民国早期的研究所、数学、物理与工程系科 114

3.2　力学课程的普遍开设 118

3.3　翻译家和数学家郑太朴 121

■ 4　物性方面的研究 122

4.1　颜任光对气体黏性系数的研究 123

4.2　葛庭燧对金属内耗的研究 127

■ 5　固体力学与结构力学方面的研究 128

5.1　茅以升、蔡方荫、凌鸿勋与现代结构工程 128

5.2　固体力学的先行者魏嗣銮 131

5.3　钱伟长对固体力学的研究 132

■ 6　流体力学的研究 134

6.1　周培源的早期教学与研究 134

6.2　张国藩的教学与研究 140

■ 7　地质力学 142

■ 8　民国时期中国力学发展的一般情况 144

第四章 我国现代力学教育与研究队伍的形成与发展 147

■ 1　1949年后我国力学发展所面临的情况 148
1.1 力学发展的缓慢 148
1.2 独立国民经济和国防的要求 150
1.3 科学发展的要求 152

■ 2　我国高等学校中力学专业的设置 154
2.1 北京大学数学力学系力学专业 155
2.2 力学系科的大发展 156
2.3 工程技术专家改从力学教育的学者 158

■ 3　20世纪50年代以来中国的力学发展 162
3.1 从数学研究所的力学研究室到力学研究所 162
3.2 中国力学学会 164
3.3 力学研究成果及其在国家经济与国防建设中的作用 165
3.4 "文化大革命"的干扰 167
3.5 1976年之后的发展 168

■ 4　归国留学生与海外华人力学家的工作 169
4.1 归国留学生的工作 170
4.2 在海外的中国力学家 172

■ 5　香港和台湾地区的力学教学与研究 175
5.1 台湾大学应用力学研究所 175
5.2 香港的力学教学与研究 178

■ 6　1949年之后在力学研究中的一些重要成果 178
6.1 计算力学方面的研究 179
6.2 固体力学方面的研究 184
6.3 流体力学方面的研究 188

6.4 力学其他方向的研究 190

■ 7 周培源、钱学森与中国的力学 193

7.1 周培源的简历 193

7.2 钱学森的简历 198

■ 8 小结 200

参考文献 205

前 言

  至于重学，不但今人无讲求者，即古书亦不论及，且无其名目。可知华人无此学也。自中西互通，有西人之通中西两文者，翻译重学一书，兼明格致算学二理。

傅兰雅

1 中国没有产生近代力学

当我们要讨论近代中国的力学时,我们很自然地要回顾一下我国古代的力学。然而近代力学却没有产生在我国,而是靠引进的。

我国著名物理学家吴大猷(1907—2000)1976年在台湾淡江大学讲演说:"我国有些人士以为科学我国古已有之,看了李约瑟的大著《中国之科学与发明》而大喜,盖其列举许多技术发明,有早于西欧数世纪的,足证超于西欧也。然细读该书,则甚易见我国的发明,多系技术性,观察性,个别性,而……若于抽象的,逻辑的,分析的,演绎的科学系统。举例言之,我们有机械的发明,而从未能建立抽象的动力学原则;我们的光学有凸凹镜影之观察,而未有物理光学(光波之观念);我们的数学有应用性的代数,而无逻辑演绎的几何;我们有磁石的应用,而从未达到定量性的磁作用定律;我们的哲学中心是伦理,是人与人,人与社会的关系,而无西欧的哲学。一般言之,我们民族传统,是偏重实用的。我们有发明,有技术而没有科学。这也是清朝时期我们和西方接触败迹后,很易受西方物质文明的表面(机械,武备),而不知这些物质文明表面之下,还有科学的基础的原因。"

吴大猷的这段话的意思是说,中国古代没有产生精密计量的自然科学。而力学是世界上最早形成的精密科学,亦即,我国古代是没有精密力学,即近代力学的。

19世纪末在中国致力于介绍翻译西方科学著作的英国人傅兰雅(J. Fryer, 1839—1928)于1890年前后,在他编写的《格致须知》的《重学》一卷的引言中,有如下一段话:

"至于重学，不但今人无讲求者，即古书亦不论及，且无其名目。可知华人无此学也。自中西互通，有西人之通中西两文者，翻译重学一书，兼明格致算学二理。"

其中的"重学"是早期对西方力学（mechanics）一词的译名。傅兰雅的这段话说明，第一，中国古代没有力学，第二，中国的力学是外国人送上门来的。后来的历史发展进一步说明的是，第三，即使是外国人送上门来，中国人接受也不痛快，甚至有时采取排斥的态度，接受的过程是缓慢和曲折的。

事实是，动力学的一些最基本的概念，例如速度、加速度、力、质量、频率等等都不是中国历史上形成的，而是由外国人带来的。更不要说近代力学中的一些最重要的定律，例如自由落体和抛体运动的规律、天体运行的开普勒三定律、牛顿三定律、虚功原理、力学中的守恒定律和连续介质力学的一些基本内容了。如果把这些内容称为现今所说的力学，则我们可以简单地说，在中国古代没有力学。这就是傅兰雅所说的"至于重学，不但今人无讲求者，即古书亦不论及，且无其名目。"

从元明以后，中国的科学技术为什么会长久地落后于西方，这一直是近代中国知识分子讨论不尽的话题。其实，在元以前，所谓中国科学技术的先进，也是主要指技术的先进。在中国历史上直到现今，从来是把科学与技术不加区分的，笼统地称为科学技术。其实，任何科学不发达的民族，在古代都是有技术的。所以我国学者顾准（1915—1974）说："中国思想只有道德训条。中国没有逻辑学，没有哲学。有《周髀算经》，然而登不上台盘。犹如中国有许多好工艺却发展不到精密科学一样。"[①]

---

① 顾准著. 顾准文集. 贵阳：贵州人民出版社, 1994

爱因斯坦说过："西方科学的发展是以两个伟大的成就为基础的，那就是：希腊哲学家发明形式逻辑体系（在欧几里得几何学中），以及通过系统的实验发现有可能找出因果关系（在文艺复兴时期。）"[1]怀特海说："希腊终归是欧洲的母亲。"[2]一般说来，从世界范围来说，现今自然科学的起源，认为是来自古代希腊的，特别是古希腊的逻辑学。为了弄清楚中国古代为什么没有力学，从而没有精密科学，为此我们要回顾一下古代希腊自然科学的情况。

古希腊的科学，为什么在人类历史上占有最为辉煌的一页，从根本上来说是由于在古希腊存在过数百年贵族的民主制。

古希腊是由许多独立的城邦所组成的。大约从公元前800年到公元前100年，希腊在政治上实行贵族民主政治制度。城邦的军事首领是国王，但国王的权力被加强的长老会削弱或制约。间或有些野心家（僭主）征服了其他城邦，建立了僭主制政治（despotism）。所以古希腊实际上是民主制和僭主制交替出现的政治。即使出现了僭主政治，僭主的权力也无法和后来欧洲的君主以及中国的皇帝相比的。因为，第一，僭主的称号就是一个带有贬义的词，表明他的权力是不合法得到而是窃取的，第二，这种权力不可能自然地由他的子孙继承，第三，大都不能长久而被贵族的寡头政治或民主政治代替。

由于古希腊实行的是以贵族的民主制为基础的政治，所以在决策和决定事情时，主要靠辩论来说服参与决策人以获得多数。长达700年的民主政治氛围中，产生了许多辩论家。由于辩论的

---
[1] 许良英，范岱年编译．爱因斯坦文集 第一卷．北京：商务印书馆，1976
[2] 怀特海．科学与近代世界．何钦译．北京：商务印书馆，1997

普及，就发展了进行辩论所必须遵从的规律以及怎样在辩论中取胜的学问，这就是逻辑学。亚里士多德的著作《工具论》是古希腊逻辑学的大成。由于逻辑学的发展，古希腊产生了推理的数学。世界上的文明古国都有自己的数学传统，有埃及的古数学，有印度的古数学，有中国的古数学，然而产生推理数学的唯一的地方只在古希腊。而欧几里得的《几何原本》是古希腊推理数学的巨著。阿基米德关于力学的著作则是古希腊推理数学和力学相结合从而产生现代精密科学萌芽的典范。17世纪欧洲产生的以力学为开端的现代自然科学正是继承和发扬了以阿基米德为代表的古希腊科学传统的结果。古希腊被罗马灭亡后幸亏有阿拉伯人翻译和保存了古希腊的科学文献，才使它在后来欧洲文艺复兴中重新发挥作用。

如果说从利玛窦1582年来华传教开始，西方科学开始在中国传播。到1862年北京同文馆成立，经过了近300年的曲折反复，力学学科才算是可以在中国公开教授，可以有一批学生学习力学知识了。之后的发展仍然是十分缓慢的，20世纪初在法国、德国、俄国等工业发达国家，已经有了专门培养力学人才的系科，而中国直到中华人民共和国成立之前还谈不上。中国的科学发展大体上是与社会的民主化进程同步前进的。中国的力学事业发展主要是中华人民共和国成立之后的事情，它是随着国家提出建立独立的工业开始发展的。

古代中国为什么没有力学，从而也就没有精密自然科学呢？从根本上来说，是因为中国长达数千年的封建专制统治。

中国不仅专制制延续了很长的历史，而且愈到后来有愈益强化的趋势。如果说在商周时代，大事的决定靠占卜、大臣的意见、皇帝的意志三种结论，以多数来决定。皇帝尽管是最高统治者，但是还是要受一些制约。

春秋战国时期，中国曾经有过一个许多小国割据的局面，不过武力兼并的结果，建立了秦的一统专制天下。紧接着是秦始皇的焚书坑儒和汉武帝的罢黜百家、独尊儒术，皇帝可以独断专行，封建专制延续了数千年之久。

在封建的专制统治下，一切言行是依"三纲"（即君为臣纲，父为子纲，夫为妻纲）为标准，即使你的"纲"说得毫无道理也得绝对服从，没有丝毫辩驳的余地。何况还有"三年不改父制谓之孝"等一系列死人统治活人的教条。

如果说，欧洲的文艺复兴运动是对古希腊民主和科学的复兴。从开始的文学上歌颂人文主义蔑视神权，到14、15世纪，欧洲的神权和君主专制摇摇欲坠。从而迎来了17世纪的科学繁荣。与此相对照的是，在同一个时期中国正好是明朝，封建的专制制在朱元璋取得政权后被空前野蛮地强化了。1380年，朱元璋以谋反罪杀丞相胡惟庸，株连达一万五千人，并借机取消了宰相，大权由皇帝独揽。文字狱，是几千年封建统治者对知识分子迫害的一种方式。从朱元璋开始，延续至朱元璋之后的数百年，文字狱被发展到最为残酷的地步。朱元璋加强了特务政治，组织了锦衣卫，直属皇帝指挥，专管监视和处置大臣，对大臣首开"廷杖"进行侮辱处罚。作为奴隶社会的特征，我国的人殉制在秦汉以后便逐渐消失了，而朱元璋却恢复了野蛮的人殉制，1397年（洪武三十年）朱元璋死，殉葬的嫔妃达46人。

封建专制制的第一个恶果，使中国不可能产生精密科学所需要的逻辑学从而也就没有推理的数学。

在春秋战国时期，中国也出现过一个阶段的文化繁荣时期，那时舌辩之风也很盛行。相应于这种短暂的辩论风气，也出现了像《墨经》中叙述的逻辑学的萌芽。《墨经》中的逻辑学同《工具论》中的逻辑学是无法同日而语的。后者已经十分完备，以至于1787年德国哲学家康德在他的《纯粹理性批判》的序言中说，从亚里士多德以来，"逻辑学没有能前进一步，因此看起来，逻辑似乎是完成并且结束了。"在封建专制制之下，一切重要决策都是由皇帝说了算，"朕即真理"没有辩驳和争论的余地，也没有"公理"、"定义"、"推论"等的必要。

逻辑学对于精密科学的重要性，可以从严复在介绍逻辑学时说"是学为一切法之法，一切学之学"[①]中看出。美国汉学家费正清认为中国科学未能发展同中国没有订出一个更完善的逻辑学有关。在没有逻辑学的条件下，中国的数学始终只停留在计算上，所以中国自古把数学称为算学。中国的数学缺少推理和论证的部分。而推理和论证正是精密科学所必不可少的。北京大学朱照宣教授说："《自然哲学的数学原理》给出的运动定律和万有引力定律，不可能在中国固有的科学技术传统中得出。中国的历史文献中始终没有加速度这种概念，中国的传统数学，也还没有为产生加速度和万有引力概念提供必要的工具——圆锥曲线理论。伽利略从自由落体运动规律中归纳出加速度概念时，用到了抛物线的性质。牛顿从行星运动规律导出万有引力定律需要用椭圆的性质。在欧洲，圆锥曲线理论这一工具是现成的。早在古希腊，阿波罗尼在他的《圆锥曲线》专著中列出了400个命题。在中国，椭圆的'椭'字最早可能见于《测量

---

① 穆勒.穆勒名学.严复译.上海：商务印书馆，1932.3

全义》（1631年）和爱新觉罗·玄烨（康熙，1662—1722）主编的《数理精蕴》中《几何原本》的节译本，而'抛物线'一词在李善兰（1811—1882）时期才有。"①

封建专制制的第二个恶果，封建的专制制不可能造就现代科技发展的外部需求条件，即没有也不可能形成市场经济。由于没有市场的需求，中国的许多发明创造不能受到全社会的注意，相当多的发明只是为了满足皇权和宫廷的需要。如，和力学有关的发明被中香炉、水运仪象台、记里鼓车等都先后失传，我国四大发明之一的火药，长期被用在焰火和爆竹上，而没有用在为了扩展市场所需要的武器上。另外还由于皇权的需要，把某些研究领域列为禁区，不许一般人涉猎。如天文学，在秦汉以后，历朝历代都不许民间研究，天文著作被列为禁书，不许民间刻印和私藏，我国古代的许多天文著作也便失传了。所以英国学者李约瑟说："无论谁想要解释中国社会未能发展出近代科学的原因，那他就最好是从解释中国社会为何未能发展商业的以及后来的工业资本主义入手。"②

在专制制之下，有时，皇帝也主张"休养生息"、"民殷国富"的政策，注意发展生产。一些学者认为，生产发展了便会自然地进入资本主义，形成市场经济。顾准说得好："我们有些奢谈什么也可以从内部自然生长出资本主义来，忘掉资本主义并不纯粹是一种经济现象，它也是一种法权体系。法权体系是一种上层建筑，并不是只有经济基础才决定上层建筑，上层建筑也能使什么样的经济结构生长出来或生长不出来。"③

事实上，到了清朝末年，在中国也产生了一些大商人，但由

---

① 朱照宣.牛顿原理三百年祭.力学与实践，1987，5
② 李约瑟.中国科学传统的贫困与成就.科学与哲学，1982，1：35
③ 顾准著.顾准文集.贵阳：贵州人民出版社，1994.318

于强大与狡猾的封建专制统治，这些商人只能作为皇权的附庸，而不能影响当局的政策，更不能动摇皇权的统治。这些商人也只能依靠贿赂的手段，从封建专制那里换得一点点可怜的经营权利。李约瑟说："资本主义这种社会制度是中国人民从来不习惯的，不需要的，而且愈来愈不愿意接受的。"其实与其说是人民不习惯的，毋宁说是当权者或者说几千年封建专制的体制所不容纳的。

封建专制制的第三个恶果，在专制统治下，从理论认识上形成鄙视科学技术的传统。

由于强大的封建专制统治，中国古代的知识分子分为两大类：一类是依附于统治者，走向上爬"学而优则仕"的路；另一类是远离统治者，走逍遥出世的隐士道路。这两种道路的知识分子，各自形成自己的理论系统。

以孔、孟为代表的儒家学说，是为走前一条路的理论基础。所谓"修身、齐家、治国、平天下"，"己欲达则先达人"，"忠、恕"，"仁、义"等一系列说教都是为这条道路服务的。

儒家的经典著作《尚书》上，在批判商朝的皇帝纣时说他"作奇技淫巧，以悦妇人"。孔颖达注解说："奇技谓奇异技能，淫巧谓过度工巧，二者大同。但技据人身、巧指器物为异耳。"这里"以悦妇人"泛指宫廷游乐。中国传统上视科学技术为"奇技淫巧"就是从这里来的。实际上，在专制统治下，是有一批人想靠进献发明以图皇帝嘉许达到做官的目的。古代有许多发明，在没有市场经济的需求下，只能作为宫廷游乐之用。例如与力学有关的发明被中香炉、孔明灯、轮船、爆竹、火箭、焰火、风筝、竹蜻蜓、编钟等都是这样的。上述儒家著作的观点，认为靠这种发明以求晋升的路子是一条不足取的道路，不是仕途的正道。仕途的正道是读经应试。

　　以老、庄为代表的道家学说是为隐士道路服务的。主张"清心寡欲"、"无为而治"。

　　他们主张"无为"到什么程度呢，在《庄子·外编·天地》中有一段："子贡南游于楚，反于晋，过汉阴见一丈方将为圃畦，凿隧而入井，抱瓮而出灌，搰搰然用力甚多而见功寡。子贡曰：'有械于此，一日浸百畦，用力甚寡而见功多，夫子不欲乎？'为圃者仰而视之曰：'奈何？'曰：'凿木为机，后重前轻，掣水若抽；数如泆汤，其名为槔。'为圃者忿然作色而笑曰：'吾闻之吾师，有机械者必有机事，有机事者必有机心。机心存于胸中，则纯白不备；纯白不备，则神生不定；神生不定者道之所以不载也。吾非不知，羞而不为也。'子贡瞒然惭，俯而不对。"

　　这段话深刻反映了道家对于技术革新的无为态度。为了要保持"道"的"纯白"，连任何先进的工具都羞于使用。更不用说去勤奋地进行科学技术研究了。

　　在老子的《道德经》中说："五色令人目盲，五音令人耳聋，五味令人口爽，驰骋田猎令人心发狂，""民多利器，国家滋昏，人多技巧，奇物滋起。"是明确地反对物质方面的追求的。

　　在周朝的著作《易经》中有一句话："备物致用，立成器以为天下利，莫大乎圣人。"孔颖达注解说："备天下之物招致天下之用，建立成就天下之器，以为天下之利，惟圣人能然。"中国从古就有很强的"学以致用"的传统，大概就是从这里开始的。在这种认识指导下，人类活动唯一的目的是为了"应用"，认识与发现自然规律的活动是没有任何地位的。也就是说，你要是作一件什么事，他就要问"有什么用"。如果你回答不出有什么用，就被认为是"无的放矢",这被认为是反对科学研究的最有力的武器。何况这里的"应用"经常被解释为爵位的晋升、财源的开发等等。

总之,在封建专制统治之下的中国古代知识分子,不论是在朝的还是在野的都不屑于科学技术。鄙薄科学技术是他们共同的认识。即使是重视技术的人,也不过是重视器物的应用,而认知科学是没有地位的。这就是封建专制制之下轻视科学技术的认识上的根源。

封建专制制的第四个恶果,在封建专制统治之下,形成了一套完整的教育体系,这就是科举制度。中国的科举制度始于隋朝,完善于唐。

科举制度把读书研究学问同当官紧紧地绑在一起。它与其说是一种教育,倒不如说是一种为了训练皇帝统治下民的奴才而服务的。科举制度要求人们从小读四书五经,钻研当官术,学习写作对皇帝歌功颂德的文章。到了封建专制制被空前强化的明代,这种文章发展定型为八股文。八股文造成中国颂古非今、褒上贬下、空洞无物的文风。在科举制形成的初期,唐代的科考内容中,也曾经列入过算学,后来就再也没有实施过考试涉及科学技术的内容。这些都严重地影响科学技术的传播与发展。

在明末,意大利人利玛窦与徐光启合译了西方数学名著《几何原本》。徐光启深感这种知识在中国普及的必要,他在序言中说:"此书为用极广,在此时尤所急需",它"能令学理者祛其浮气、练其精心;学事者资其定法,发其巧思,故举世无一人不当学。"他预言说:"窃意百年之后,必人人习之。"可惜他的这些话二百多年,在专制制度下的科举制度系统中,没能实现,一直到清末李善兰在同文馆中成立了算学馆,才规定《几何原本》为必读书。至于将几何学、包含牛顿力学的物理学作为普及教育的内容,那是推翻清朝以后的事。

所以近代中国的许多改革的思想家都提出革除科举改革教育的主张。严复批判科举制度"八股取士,使天下消磨岁月于无用之地,堕坏志节于冥昧之中,长人虚骄,昏人神智,上不足以辅国家,下不足以资事畜,破坏人才,国随贫弱。"①梁启超则指斥"八股和一切学问不相容,而科学为尤甚。"并呼吁"变法之本在育人才,人才之兴在开学校,学校之力在变科举。"②

封建专制制的第五个恶果,在中国封建专制制之下,皇帝因为拥有无上的权威而妄自尊大。哪怕是一个笨蛋,一旦登上金銮殿坐到皇帝宝座上,便变成什么都懂、什么都行的全才。他的话便是"金口玉言",人们就得俯首帖耳。这就培养皇帝以一种愚昧的优越感自居,把自己称作天子,把自己统治的国家称为天朝上邦,把别的国家和民族一概贬斥为蛮夷。这一点,在明末利玛窦一来到中国便有明显的感觉。他评论说:"因为不知道地球的大小而又夜郎自大,所以中国人认为所有各国中只有中国值得称羡。就国家的伟大、政治制度和学术的名气而论,他们不仅把别的民族都看成是野蛮人,而且看成是没有理性的动物。在他们看来,世界上没有其他地方的国王、朝代或者文明是值得夸耀的;这种无知使他们越骄傲,一旦真相大白,他们就越自卑。"后来的历史发展证明利玛窦的评论是很得当的。

中国原来没有力学,但是如果能够虚心向外国学习,还是能够很快学会的。然而,这种夜郎自大、闭关锁国的狂妄和对于

---

① 严复.严复集.北京:中华书局,1986.43
② 梁启超.中国近三百年学术史.北京:中国书店,1985.28

外来的学术一概排斥的态度,导致了数百年来我国的力学一直落后。迄今为止这种影响也很难说已经得到了廓清,"文化大革命"中不是要批判热力学、相对论吗,不是在批判"崇洋媚外"的旗号下煽起了盲目排外情绪吗。

在上面,我们说中国古代没有力学。力学是自然科学中最早精确化的学科,现代自然科学可以说是从力学开始的,而且,直到19世纪末,精确的自然科学可以说主要就是力学。由此从一定的意义上也可以说,中国古代没有精确的自然科学。所以英国哲学家 A. N. 怀特海说:"从文明的历史和影响的广泛看来,中国的文明是世界上自古以来最伟大的文明。中国人就个人的情况来说,从事研究的禀赋是无可置疑的,然而中国的科学毕竟是微不足道的。如果中国如此任其自生自灭的话,我们没有任何理由认为它能在科学上取得任何成就。"

通过以上的讨论,我们可以作结论:中国古代没有真正意义上的力学,从而没有精密科学,这是和中国的封建专制统治紧密相连的。就是说,愚昧是和封建专制相连的。所以在辛亥革命之后,以陈独秀为首的革命知识分子,喊出了"民主与科学"的口号。科学是和民主共生的,没有民主就不可能有现代科学。现在我们重温这些历史事实,还是有现实意义的:

第一,认识我国古代的落后,可以激励我们奋进。

第二,客观地分析我国古代力学落后的原因,在阻碍现代力学前进的诸多因素中仍然可看到这些原因的影子,它也阻碍整个科学和技术的进步,从中可以启示我们所需要的改革方向。

所以,中国的近代力学史实际上是由西方人传入和由中国人引进西方现代力学的历史。

■2 近代力学在中国传播与发展的概况

在西方,近代力学是从文艺复兴之后才开始发展的,即大约是 16 世纪之后才取得重要进展的。大致说来,荷兰人斯梯芬(Simrn Stevin,1548—1620)在 1586 年出版的著作《静力学原理》标志着静力学的成熟;伽利略(Galilei Galileo,1564—1642)在 1634 年出版的著作《关于两门新学科的对话》标志着动力学研究的真正开始。所以我们在叙述中国近代力学的传播与发展时也是从明末开始。

近代力学在中国的传播与发展大致可以分为以下四个阶段:

1. 在 19 世纪 70 年代之前。大致说来,从意大利传教士利玛窦(Matteo Ricci,1552—1610)于明朝万历十年(1582 年)来华传教开始,到 19 世纪 70 年代的洋务运动之前。在这一期间,虽有少数人关心力学问题、有少量的著作问世,而且绝大部分是与天文学和历法有关的内容。但整个说来当时的中国社会并没有对力学的需求,加上统治者闭关锁国的政策,尤其是由于康熙、雍正皇帝的文字狱和从雍正开始禁止洋教的政策,力学在我国几乎没有发展。在这个阶段,力学知识主要是外国人送上门来,中国少数热心西学的人合作介绍了一些西方的力学知识。

2. 19 世纪 70 年代开始了中国清末以李鸿章为首的官僚进行的洋务运动。它是 1840 年鸦片战争之后中国思想界救国图存思潮发展很自然的继续。这个运动的宗旨是师夷之长技以制夷,客观上从西方引进了造船、机械、纺织等工业。新兴工业在中国发展,大量需要西方的科技与科技人才,于是一方面引进,一方面派出。1862 年北京开办的同文馆是以培养翻译为目的的学校,随后于

1866年增加了算学与天文两个班,算是自己培养具有现代科学知识人才的开始。不过这些引进和派出所学,主要还是限于以进行洋务和购买使用洋枪洋炮所用到的一些知识。

3. 1911年辛亥革命之后,到20世纪50年代是近代力学在中国初步发展的时期,现代大学代替了科举、大学中工科教育普遍要求讲授力学。1932年前后商务印书馆出版了郑太朴翻译的《自然哲学的数学原理》,徐骥著的《应用力学》,陆志鸿的《材料强度学》,这些书籍的出版标志着中国社会对力学知识需求的逐步增加。与此同时,先后有一批学者留学归国,如北京大学的夏元瑮、清华大学的周培源、北洋大学的张国藩、唐山铁道学院的罗忠忱等,在国内开始系统地讲授相对论、理论力学、流体力学、工程力学等课程,并相应地开展了一些力学的理论与应用方面的研究课题。

4. 力学作为一支独立的科学和教育力量出现在中国,是从20世纪50年代开始的。这是与我国建立独立的民族工业体系相适应而产生的。为适应这种需要,1951年钱伟长在中国科学院数学研究所创立了力学研究室,1952年周培源在北京大学创办了我国第一个力学专业,1956年钱学森、钱伟长、郭永怀在中国科学院成立了力学研究所。

总之,中国近代力学的发展可以归结为四个时期:明末清初时期、清末时期、民国时期和新中国成立后的现代力学的教育科研形成独立体系的时期。

本书在后面展开的叙述,基本上就是按照以上的脉络进行的。

第一章
明末清初
西方力学的传入

> 如果能有一位天文学家来到中国,我们可以先把天文书籍译成中文,然后就可以进行历法改革这件大事。作了这件事,我们的名誉可以日益增大,我们可以更容易地进入内地传教,我们可以安稳地住在中国,我们可以享受更大的自由。
>
> 利玛窦

■1 西学东渐与近代力学的早期传入

利玛窦像

中国的力学与西方直到 16 世纪之前是没有交流的，各自在独立发展。我国的近代力学实际上是外国人送上门来的。即使是这样，我们的吸收过程也是缓慢的和曲折的。

世界各国，力学的早期发展都是从天文学开始的。事实上，早期的天文学就是天体这种特殊物体的运动学，而且力学与数学天文学一直是密切不可分离的。我国的天文学虽然起步较早，但是由于在数学的发展上，只限于计算一直没有推理的数学，所以在 17 世纪西方的近代数学、力学和精密天文学发展起来后，中国的天文学就远远落后了。正因为如此，我国近代力学的传播与发展也就是从引进与学习西方的天文学和历法开始。

1.1 明末清初西人在中国对自然科学的传播

中国与西方在学术方面，进而在力学方面进行交流，当从意大利传教士**利玛窦**（Matteo Ricci，1552—1610）于明朝万历十年（1582 年）来华传教开始。利玛窦曾师从当时著名的数学和天文学家克拉维斯（Clavius，1538—1612）学习天文学，他最初在澳门、广州、肇庆、韶关、江西、南京等地传教 16 年，同时认真学习汉语。初期他打扮为僧人，结果不为华人所动。经过不断失败和广泛接触中国的知识界，并进行广泛交流后，他改着儒服，并宣传他所擅长的西方科学。如借传教之机讲解全球地图、天文知识以引起中国人的好奇,这就是所谓的采取学术传教的方针。1601年他与后来的传教士庞迪我一同来到北京,以贡献方物之名,向万历皇帝敬献自鸣钟、望远镜、三棱镜等物,得到皇帝的嘉许,在宣武门外建教堂。

庞迪我(Diego de Pantoja,1571—1618),西班牙人,1599年来华。1601年与利玛窦同时抵达北京晋见皇帝。并与利玛窦合作领导在华的传教,1610年利玛窦病逝,庞迪我继任为耶稣会的代理监督。

利玛窦来到中国后立即注意到中国天文学和历法的落后,他说:"他们把注意力全部集中于我们的科学家称之为占星学的那种天文学方面;他们相信我们地球上所发生的一切事情都取决于星象。"[1] 1605年,利玛窦向罗马教廷写信报告:"如果能有一位天文学家来到中国,我们可以先把天文书籍译成中文,然后就可以进行历法改革这件大事。作了这件事,我们的名誉可以日益增大,我们可以更容易地进入内地传教,我们可以安稳地住在中国,我们可以享受更大的自由。"而庞迪我在致罗马主教的信中,和利玛窦一样,是这样来评价当时中国的科学水平的,他说:中国人"他们不知道也不学习任何科学、数学和哲学,除修辞学以外,他们没有任何真正的科学知识。他们学问的内容和他们作为'学者'的身份根本不相符合。"[2]

利玛窦和庞迪我的主要贡献是:利玛窦带来《万国全图》,于万历十二年(1583年)在肇庆出示,后来不断翻印描绘,至万历三十六年(1608年)竟有12次之多,流传很广;利玛窦与徐

---

[1] 利玛窦.利玛窦中国札记.何高济等译.北京:中华书局,1983.22
[2] 许明龙主编.中西文化交流先驱.北京:东方出版社,1993.44

光启合译欧几里得的《几何原本》前六章；为了吸引外国传教士来华并带来西方科学做了不少组织工作。庞迪我后来参加过徐光启组织的修改历法的工作，在中国传播西方科学技术中起过重要作用。

根据利玛窦建议的方针，后来罗马教廷陆续派懂自然科学的传教士来华。其中熟悉当时西方的力学、天文学和数学的著名传教士先后有：

熊三拔（P. Sabbathinus de Ursis,1575—1620），意大利人，1606年来华。在天文、数学、水利等方面都有贡献。

邓玉函（Joannes Terrenz,1576—1630），瑞士人，其出生地当时属于德国，1621年与其他22名传教士，并携带7 000多部书籍来华。他曾是伽利略的挚友，熟悉当时西方科学，来华后在力学、天文、机械、医学等方面多有贡献。

汤若望（Johann Adam Schall von Bell,1591—1666），日耳曼人，1622年来华。他对天文、数学都有研究，在华期间参加《崇祯历书》的编译工作、修订工作，并在天文仪器、仿制西式火炮等方面多有建树。

罗雅谷（Jacques Rho 1593—1638），意大利人，1624年来华。

南怀仁（P. Ferdinandus Verbiest,1623—1688），比利时人，1659年来华。在数学、天文、兵器等方面都有贡献。著有《灵台仪象志》14卷，是一部关于天文观测仪器的著作。在其卷二论"新仪坚固之理"中说："今先论纵径之力，以定横径所承之力。西士嘉理勒（即伽利略）之法曰：观于金、银、铜、铁等垂线，系起若干斤重，至本线不能当而断。"这里指的是金属的拉伸强度,而且提到了伽利略的名字,可见南怀仁是知道伽利略和他所著的《两门新科学的对话》这本力学巨著的。伽利略的这本书出版于 1634 年。

蒋友仁(Benoist Michael,公元 1715—1774),法国耶稣会士。1744 年来华,曾参与圆明园的若干建筑物的设计和建造,如大水法十二生肖喷水等的设计。他在《皇舆全览图》基础上,增加新疆、西藏测绘新资料,编制成一部新图集《乾隆十三排地图》,最终完成了我国实测地图的编制。著有《坤舆全图》、《新制浑天仪》等书。

在西方众多的传教士来华,带来西方的科学技术的同时,中国也出现了一批热心学习西方科学的学者。他们同这些传教士合作,翻译西方著作、修改历法、引进西方的科学技术。这些人中最著名的有:

徐光启(1562—1633),在明末官至礼部尚书兼东阁大学士。

李之藻(1566—1630),浙江仁和(今杭州)人,万历二十六年(1598 年)进士。与徐光启合作于 1630 年完成丛书《天学初函》的编印工作。此丛书的上编 10 部是关于天主教教义方面的,下编 10 部是关于自然科学方面的,包括《泰西水法》、《几何原本》、《测量法义》、《简平仪说》、《勾股义》等著作。1623—1630 年之间,在西班牙人傅汎际口授下,翻译了西班牙耶稣会士的逻辑学讲义《亚里士多德辩证法概论》,译名为《名理探》于 1631 年刊行。这是我国最早介绍西方逻辑学的著作。

王徵(1571—1644),字良甫,陕西泾阳人,天启二年(1622 年)进士。大约在 1615 年,在他进京考试期间,加入了耶稣会，并取圣名菲力普。1625年，他邀传教士金尼阁到山西传教，同时向金尼阁学习拉丁文。在（明）邹漪写的《启祯野乘》有对他的介绍，称"王氏潜心实用之学，擅物理学及农器、军器、机械等技术，并以知兵称，公曾荐请召至京，委以教习车营、火器等务。"王徵曾独立发明或制做虹吸、鹤饮、轮壶、代耕器、自行车等，1626年写成《诸器图说》一书。1626年，他与传教士邓玉函相识，并与邓玉函合作，邓玉函用口授，他笔录翻译而成《远西奇器图说》。这是以中文系统叙述力学知识最早的著作。明朝灭亡后，王徵殉明绝食而死。

爱新觉罗·玄烨（1654—1722）即康熙皇帝，1661年，年仅8岁即位，1667年亲政。在他当政期间，曾向西方传教士南怀仁、白晋、徐日升、张诚、安多等学习科学知识，特别是数学、天文学和西方医学。康熙皇帝还主持编写介绍西方科学的大型图书《律历渊源》一百卷，其中包括《历象考成》四十二卷、《律吕正义》五卷、《数理精蕴》五十三卷。主要介绍明清之际传入中国的西方数学、天文学和乐律方面的知识。此外他还组织中国的大地测量，指派传教士仿照西方制造天文观测仪器。

1.2 徐光启的科学活动

从1582年利玛窦来华到1661年清朝顺治皇帝去世，西方科学在这一段随同传教活动顺利传播。其中明末礼部尚书徐光启是一个中心人物。

徐光启，江苏上海徐家汇人，20岁考中秀才而后开始教书，在他31岁时有人聘他南下到广东的韶关教书，得以接触传教士并初步了解一些西方学术。1600年（万历二十八年）徐光启因事到南京，并会见了久仰大名的利玛窦神父，同时受洗礼入教。1604

年（万历三十二年）徐光启43岁考中进士，之后便留京做官。恰好此时利玛窦已到北京，并在宣武门外盖了教堂，在那里传教。徐光启从此在与利玛窦交往中不断学习西方的力学天文学和数学。

在吸收西学方面，徐光启主要作了以下几件大事：

由利玛窦口授，徐光启笔录，于1607年春译完了《几何原本》前六章，并于次年刊行。

利玛窦与徐光启像

由熊三拔口授，徐光启笔录，编写成《泰西水法》一书，并于1612年刊行。书中介绍了西方的水利工程与有关的器具，还有一些简单的流体力学知识。如介绍了阿基米德的螺旋提水机。熊三拔所介绍的西方的抽水机械中，有龙尾车、玉衡车和恒升车。恒升车是利用空气压力的原理，用唧筒和活门把水抽上来的一种机械。玉衡车则是一种双唧筒、一人可当数人的抽水设备。而龙尾车则就是阿基米德螺旋提水器，效率高，且既可以用人力也可以用畜力驱动。为了把这些优秀的西方提水设备很快做出来，他根据熊三拔所给的图形和尺寸，自费购买了材料让工匠去打造。很快便制造成功了。徐光启并且认真地进行推广。

主持编写大型农业百科全书《农政全书》，全书共60卷，参考援引的书籍达250多种，是从古到今最全面的农学专著。其中在水利部分包括了《泰西水法》。

主持修改历法，并编写《崇祯历书》。大胆起用西方传教士参加这项工作,有利玛窦、邓玉函、罗雅谷、汤若望、庞迪我、熊三拔、阳玛诺(Manuel Dias,1574—1659)和龙华民(Niccolo Longobardo,1565—1655)等等。《崇祯历书》是一部长达137卷,包含44种西方历法著作的历法丛书。

德国耶稣会士、博物学家、物理学家柯恰(Kircher, Athanasius, 1602—1680)于1667年出版了一本介绍中国的书(China monumentis)书中绘制了利玛窦与徐光启的像。就是我们上面所引的利玛窦与徐光启像。

《崇祯历书》系统介绍了西方古典天文学理论和方法,阐述了托勒密、哥白尼、第谷等人的工作;所介绍的工作。其水平大体是在开普勒行星运动三定律之前。在具体的计算和大量天文列表上,则都以第谷体系为基础。

《崇祯历书》中介绍了丹麦天文学家第谷(Tycho Brache, 1546—1601)和古代希腊天文学家托勒密(Ptolemy,?—120, 当时译名为多禄某)等的著作,是日心说与地心说间的一种调和的宇宙体系。在介绍测量方法上,引进了不少西方历法中的新技术,如采用了第谷的观测方法、引进了球面三角学计算、把地球不再看为平面而看为球面等,它比中国古代所依据的宇宙体系、即以前采用的大统历和回回历进步。这种体系是以西方发展的几何学与三角学为基础的,因此在引进这个宇宙体系的同时也引进了西方的几何学与三角学。它的引进,使天文学一改中国传统历法,向现代天文学迈进的第一步,也使中国的数学耳目一新。

《崇祯历法》毕竟对中国来说是前所未有的新事物,也有一班保守派反对。保守派指责新历法,主要是它的精度不高。然而从1629年到1643年之间测量日月食的八次相互对照，新历法全部获胜。由此巩固了新法的地位。

为了使历法更符合观测，徐光启经常亲自观测。据记载，在崇祯三年（1630年）的11月28日的夜晚，又冷又下雪，他还是前去观象台观测，当时他已是69岁高龄的人了，结果不慎失足跌伤了，但是经过一段休养，他又去观测了。

徐光启毕生艰苦奋斗、追求科学、善于用人，在他周围有一批精通自然科学的传教士和像王徵、李之藻这样的热心吸取新科学的学者，可以说是我国第一次大规模引进西方自然科学的组织者。徐光启是72岁（1633年）去世的。他死后，留下的是一大堆手稿，他箱子里，只有几件旧衣服和一两银子，连铺的褥子上也发现有一个破洞。他，这位官员，在中国历史上是少有的，的确可以说是一位毕生追求科学的伟大的科学家。

1.3 汤若望的科学活动及其遭遇

从明末一直到1661年清朝顺治皇帝去世，是西方科学在中国传播的大好时代。顺治皇帝去世，守旧派抬头。西方科学技术传播受阻。这充分表现在传教士汤若望的遭遇上。

汤若望像

汤若望1618年应耶稣会的征募来华后，曾参加徐光启主持的修改历法的工作。1630年（崇祯三年）主持历局工作的徐光启，由于自己年老（68岁），又在这年他的两位得力助手李之藻、邓玉函相继去世，所以极力推荐汤若望并得到皇帝的批准协助推进历法修改工作。

1634年汤若望与传教士罗雅谷向皇帝进呈了由欧洲带来的望

远镜一架。并于1629年前后，著有《远镜说》一书。书中介绍了望远镜之原理、构造与使用方法。这是系统介绍西方望远镜的第一本著作。值得注意的是汤若望在书的序言中强调了实际观察的重要性。他说："人身五司耳目为贵，无疑也。耳与目又孰为贵乎？昔亚里斯多（即亚里士多德）称'耳司为百学之母'。谓凡授受以耳，学问所以弥精弥广也。若目司，则巴拉多（即柏拉图）称'为理学之师'。何者？盖当其徒与物遇，见其然即索其所以然。由粗入细、由有形入无形，理学始终总目为牖矣。"这段话把从感性认识到理性认识中，观测的重要性说得简明透彻。

汤若望所做的另一项重要贡献，是帮助中国人制造西洋火炮并撰写了专著《火攻挈要》。此书又名《则克录》，大约成书于1643年，是由汤若望口授，焦勖笔录而成。它是在中国出版的介绍西方火炮技术的第一本著作，入清以后又被重印过若干次。

汤若望协助徐光启完成了《崇祯历书》137卷，其中有28卷是汤若望本人翻译的。不久，明亡，这部历书在明代没有实行，汤若望在两朝交替的兵荒马乱之际，保护了这部书的刻板未受损失。

清朝占领北京后，汤若望保存了传教士从欧洲带来的天文仪器，并且制作了望远镜、日晷，绘了地图连同修改了的历书进呈新皇帝。他还预先推算了1644年农历八月初一的日食，给出了日食初复时刻。届时，皇帝命人验证，结果按旧有大统历与回回历分别差2刻和4刻，而汤若望预言的分秒不差。这一事实使新历得到清廷的信任，并将汤若望进献的新历（即修改后的崇祯历）命名为《时宪历》，颁布执行。此历后来一直使用到民国初。汤若望本人也因此得到朝廷的信赖，封他为钦天监正，至顺治十五年对他加一品封典。年幼的顺治帝对比他年长53岁的西洋官员亲切地称为"玛法"(满语为可敬的爷爷)。

1650年,顺治皇帝赐汤若望在宣武门内原利玛窦天主堂侧建天主堂。

天主堂建成后,顺治帝在《御制天主堂碑记》中表彰汤若望的功绩,说:"易序卦,革而受之以鼎。革之象曰:泽中有火革,君子以治历明时。鼎之象曰:木上有火鼎,君子以正位凝命。是以帝王膺承历数、协和万邦。所事者,皆敬天勤民之事。而其要莫先于治历,定四时以成岁功,抚五辰而熙庶绩。使雨旸时若,民物咸亨,道必由之。矧开创之初,昭式九围,贻谋奕叶,则治历明时,固正位凝命之先务也。粤稽在昔,伏羲制干支,神农分八节,黄帝综六术,颛顼命二正。自时厥后,尧钦历象,舜察玑衡。三统迭兴,代有损益。见于经传,彰矣。而其法皆不传。若夫汉之太初,唐之大衍,元之授时,俱号近天。元历尤为精微。然用既之久,亦多疏而不合。盖积岁而为历,积月而为岁,积日而为月。凡物之数成于积者,不能无差。故语有之曰:'铢铢而称之,至石必谬。寸寸而度之,至丈必差。'况天体之运行,日月星辰之升降迟疾,未始有穷,而度以一定之法,是以久则差,差则敝而不可用。凡历之立法虽精,而后不能无修改,亦理势之必然也。自汉以还,迄于元末。修改者七十余次,创法者十有三家。至于明代,虽改元授时历为大统之名,而积分之术,实仍其旧。洎乎晚季,分至渐乖。朝野之言,佥云宜改。而西洋学者,雅善推步。于时汤若望航海而来,理数兼畅。被荐召试,设局授餐。奈众议纷纭,终莫能用。岁在甲申,朕承天眷,诞受多方,适当正位凝命之时,首举治历明时之典。仲秋月朔,日有食之。特遣大臣,督率所司,登台测验其时刻分秒起复方位。独与若望预奏者悉相符合。及乙酉孟春之望,再验月蚀。亦纤毫无爽。岂非天生斯人,以待朕创制历法之用哉。朕特任以司天,造成新历,敕命时宪,颁行远迩。若望素习泰西之教,不婚不宦。祗承朕命,勉受卿秩,洊历三品,仍赐以通微教师之名。任事有年,益勤厥职。都城宣武门内向有祠宇,素祀其教中所奉之神。近复取锡赉所储,而更新之。朕巡幸南苑,偶经斯地,见神之仪貌,如其国人;堂庑器饰,如其国制。问其几上之书,则曰:'此天主教之说也。'夫朕所服膺者,尧舜周孔之道;所讲求者,精一执中之理。至于玄笈见之,所称道德楞严诸书,虽尝涉猎,而旨趣茫然。况西洋之书,天主之教,朕素未鉴阅。焉能知其说哉。但若望入中国,已数十年,而能守教奉神,肇新祠宇,敬慎蠲洁,始终不渝,孜孜之诚,良有可尚。人臣怀此心以事君,未有不敬其事者也,朕甚嘉之。因赐额名曰通微佳境,而为之记。铭曰。大圜在上,周回不已。七精之动,经纬有理。庶绩百工,于焉终始。有器有法,爰观爰纪。惟此远臣,西国之良。测天治历,克殚其长。敬业奉神,笃守弗忘。乃陈仪像,乃构堂皇。事神尽虔,事君尽职。凡尔畴人,永斯矜式。

顺治十有四年岁在丁酉二月朔日"

顺治帝的这段话,将历法的重要性、西学在中国传播艰难以及汤若望贡献,按照他当时的认识说得非常清楚。

然而好景不长,1661 年,顺治帝去世,年方 8 岁的康熙登基。清廷的守旧派抬头,辅政大臣鳌拜怂恿杨光先诬告参劾汤若望。1664 年,杨光先上书《请诛邪教疏》,罗织汤若望三大罪:潜谋造反、邪说惑众、历法荒谬。杨将各省的教众诬为潜谋造反,将汤若望写的许多书诬为妖言惑众。杨并且罗列"新法十谬"指斥新历法的种种"错误",最厉害的是提出由于新历法使吉凶时倒置,造成严重后果:使顺治的幼子荣亲王3月而殇,使荣亲王的生母董鄂妃不久死亡,接着顺治帝也染天花而亡。

南怀仁像

杨光先将汤若望上纲到"谋反"与使"皇族灭亡",慢说当时汤若望已经年过古稀,由于中风而失去语言能力,即便是巧辩之士也是难于分说了。1665年4月13日,汤若望被判极刑——凌迟处死,同案犯多人下狱。4月16日,处死汤若望的公文到了皇太后之手,适逢北京发生大地震,连续5日,合都惶惧,这时辅政大臣们以为是"天象示警"即从狱中放出3人,其余原罪待死。这时,皇太后传谕:"汤若望向为先帝所信任,礼待极隆,尔等置之死地,毋乃太过。"汤若望才被无罪释放,而同案的5位基督徒仍被处斩。1666年8月15日汤若望病逝。杨光先在此案中得胜,被任命主持钦天监。尽管他不懂天文而心虚,数次上书推辞,最后也只好硬着头皮担任了。

1667年14岁的康熙亲政,发现当时历法混乱,一年中竟有两个春分,不该置闰的置了闰月。于是在1668年12月26日,组织了一场御前辩论会,一方是杨光先及其助手吴明烜,另一方是原汤若望的助手南怀仁,钦天监全体参加。南怀仁比汤若望年轻30多岁,汤若望受诬时,他来华不久,汉语还不流利,无法为汤辩诬。此时他以满腔对待科学的热情,指斥杨光先历法的错误,杨不认错。康熙问有何法可判别是非,南怀仁建议双方各以其法测日影移动,于是决定次日在观象台测日影。

次日,有关人员齐集观象台,测量结果,与南怀仁的计算丝毫不差,连续3天,南怀仁事先划定午时日影位置,到时验得"正午日影正合所划之界"。而杨光先则支吾其词,根本就不会推算日影的移动。这次实测的胜利为新历法重新出台扫清了道路。康熙接受了南怀仁的建议,下令取消了当年历书中的闰12月,1669年,为汤若望平反,并任命南怀仁为钦天监正。后来康熙从他那里学习了许多西方科学。而为鲁迅先生讽刺的那位主张"宁可使中夏无好历法,不可使中夏有西洋人"(《坟》,看镜有感)的杨光先也遭到了革职处分。

不管怎样,这场斗争的胜利,为西方自然科学在中国的传播开辟了道路。在康熙皇帝在位期间,中国人还是从传教士那里学到了不少东西。

1.4 顺治和康熙时代新思想的传播

《崇祯历法》在中国的胜利,可以说是在天文学的旗帜之下,西方一系列与科学技术有关的思想、观念和方法才得以在明清之际进入中国。而且其中有些确实被接受和采纳,并产生了相当深刻的影响。

汤若望进献给清朝的历法,经过修改后增加了不少内容。改名为《西洋新法历书》,它对原来的《崇祯历法》进行了删节与合并,还选择了不少新的著作加入,从原来的44种变成到顺治版本的28种,到康熙年间只剩27种。

增入的新作品,大都篇幅较小,多数为汤若望自撰者,亦有他人著作,如《几何要法》题"艾儒略(J. Aleni)口述,瞿式谷笔受";以及昔日历局之旧著,如《浑天仪说》题"汤若望撰,罗雅谷订"。由于《西洋新法历书》的顺治本和康熙本皆非常见之书，这里特将其中较《崇祯历书》新增作品列出一览表如下[①]：

著作名称	卷数	康熙本	顺治本
《历疏》	2	△	
《治历缘起》	8	△	△
《新历晓惑》	1	△	
《新法历引》	1	△	△
《测食略》	2	△	△
《学历小辨》	1	△	△
《远镜说》	1	△	△
《几何要法》	4	△	△
《浑天仪说》	5	△	△
《筹算》	1	△	△
《黄赤正球》	2	△	
《历法西传》	1		△
《新法表异》	2		△

哥白尼的巨著《天体运行论》是在1543年出版的。在修撰《崇祯历书》时，汤若望等人大量引用《天体运行论》中的材料，共计译用了原书的11章，引用了哥白尼所作27项观测记录中的17项。更重要的是，他们还介绍和述评了哥白尼在天文学史上的地位及《天体运行论》的内容。

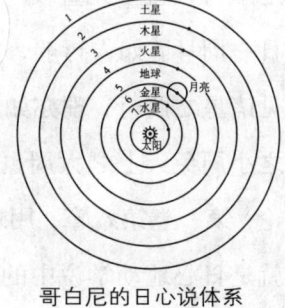

哥白尼的日心说体系

---

① 江晓原.天学外史.上海：上海人民出版社，1999

在《西洋新法历书·新法历引》中说:"兹惟新法,悉本之西洋治历名家曰多禄某(即托勒密)、曰亚而封所(即 Alfonso X)、曰歌白泥(即哥白尼)、曰第谷(即第谷)四人者。盖西国之于历学,师传曹习,人自为家,而是四家者,首为后学之所推重,著述既繁,测验益密,立法致用,俱臻至极。"

这里将哥白尼列为四大名家之一,给以很高的评价,而且指出他的学说已经成为欧洲最有影响的几家天文学说之一。这样的判断是实事求是、恰如其分的。所说"俱臻至极",当然是指四家在各自的时代臻于至极,这也是符合实际情况的。

汤若望在《西洋新法历书·历法西传》中介绍哥白尼的《天体运行论》说:"有哥白尼验托勒密法虽全备,微欠晓明,乃别作新图,著书六卷。"接着依次简述了《天体运行论》六卷的大致内容。虽未谈到日心说,但是:一、指出了托勒密体系"微欠晓明",有不及日心说之处。二、指出了哥白尼有一个新的宇宙体系,即"别作新图"(按照《西洋新法历书》体例,各宇宙体系皆谓之"图")。三、指出了日心说所在的《天体运行论》,即"著书六卷"。在《西洋新法历书·五纬历指一》中则直接介绍了日心地动说中的重要内容说:"今在地面以上见诸星左行,亦非星之本行,盖星无昼夜一周之行,而地及气火通为一球自西徂东,日一周耳。如人行船,见岸树等,不觉己行而觉岸行;地以上人见诸星之西行,理亦如此。是则以地之一行免天上之多行,以地之小周免天上之大周也。"这段话几乎就是直接译自《天体运行论》第一卷第八章,用地球自转来说明天球的周日视运动,其实就是日心地动学说中的重要内容。

《西洋新法历书》是由汤若望定稿的,时间约在1645年,已在教廷1616年宣布《天体运行论》为禁书和1633年审判伽利略之后。作为一个耶稣会士,限于信仰,汤若望、南怀仁等,虽然没有明确地宣称自己是支持哥白尼日心说的立场,他们能够这样介绍和评述哥白尼以及《天体运行论》,已属难能可贵。汤若望和耶稣会士庞迪我、熊三拔、阳玛诺和龙华民等在《崇祯历书》中介绍和大量译用《天体运行论》中的内容,也同样是值得称道的。[①] 他们所采用的立场是介于日心说与地心说之间由第谷所提出的一种调和学说。

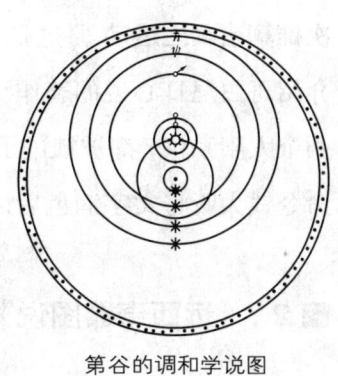

第谷的调和学说图

康熙年间,法国传教士蒋友仁1744年来华,于1760年向康熙敬献环球地图,地图附带有一些说明,这些说明后来集结成《坤舆图说》一本书。在蒋友仁所著的《坤舆图说》七曜次叙中说:"自古天文家推七政躔曜离行度,其法详矣。西士殚其聪明,各自推算,乃创想宇内诸曜次序,各成一家之论,今姑取其紧要四宗以齐诸曜之运动而已。第一托勒密(Ptolemy)……今人无从之者。第二第谷(Tycho)……。第三玛尔象(Martianus Capella)[②]。以上二家虽有可取,然皆不如哥白尼之密。第四哥白尼……按哥白尼序诸曜之次,盖本于尼色达之论而哥白尼特阐明之。继之者有刻白尔(Kepler,1571—1712)、奈端(Newton,1642—1727)、辣喀尔(La Hire,1640—1718)、勒莫尼(Le Monnier,1715—1799),皆主其说,今西士精求天文者併以哥白尼所论序

---

① 江晓原,《耶稣会士与哥白尼学说在华的传播》,《二十一世纪》网络版,2002年10月号。
② 公元五世纪人。

次推算诸曜之运动。"这是中国历史上第一次完全以肯定的口气介绍哥白尼日心说的著作。不过,这本图说和蒋友仁附带所送的两个太阳系仪,都被锁进了深宫,过了三四十年,才由乾隆皇帝命令钱大昕将文字润色后以《地球图说》书名出版。

■2 《远西奇器图说》——一部伟大的科学启蒙著作

2.1 《远西奇器图说》取材的来源

德国耶稣会士邓玉函,字函璞,邓玉函和同时代的科学伟人伽利略同属于罗马的林瑟学院(Accademia dei Lincei)的院士。所以他对当时西方的科学技术最前缘的情况是十分清楚的。1621 年与其他 22 名传教士,并携带 7 000 多部书籍来华。

在《远西奇器图说》的序言中,王徵说:"奇器图说乃远西诸儒携来彼中图书,此其七千余部中之一支。就一支中,此特其千百之什一耳。"又说:"私窃向往曰'嗟乎!此等奇器何缘得当吾世而一睹之哉?丙寅冬(1626 年),余补铨如都,会龙精华(即龙华民)、邓函璞、汤道未(即汤若望)三先生以候旨修历,寓旧邸中。余得朝夕晤请,教益甚欢也。暇日,因述外纪所载质之,三先生笑而唯唯。且曰'诸器甚多,悉著图说,见在可览也,奚敢妄?'余急索观,简帙不一。第专属奇器之图之说者,不下千百余种。"并说:"令人心花开爽","亟请译以中字。"

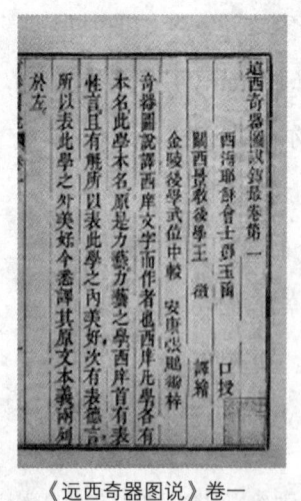

《远西奇器图说》卷一之一页

于是,在邓玉函教授之下,王徵学习西方的数学,而后由邓玉函口授,王徵笔录而成此书。

《远西奇器图说》究竟取材于西方的哪些著作呢?据该书卷一所说:"大名人亚希默得,新造龙尾车、小螺丝转等器,又能记万器之所以然。今时巧人之最能明万器之理者,一名未多,一名西门,又有绘图刻传者,一名耕田,一名刺墨里。此皆力艺学中传授之人也。"

现在,我们就来看一看上面一段话中所提到的几个人和他们的著作。

亚希默得,即阿基米德(Achimedes, 287BC—212BC)是古希腊时代集大成的科学家。由于他在杠杆原理、浮力原理等方面的贡献,人们说他是力学学科的开创者。

阿基米德像

在古代,自然科学中,数学、力学和天文学是最早发展的科学,而阿基米德集这三个学科于一身,在三方面都做出了不朽的贡献。

如果说在力学发展中,力学同数学是密不可分的那么阿基米德是将数学同力学结合起来的典范。

如果说近代科学是将观察、实验和应用同推理相结合而发展起来的,那么阿基米德在浮力定律、杠杆原理等的发现正体现了这种结合。他是一位近代科学的先驱者。

如果说近代数学的发展体现了推理同计算的结合,而古希腊的数学则过分偏向于推理,忽视计算。而在阿基米德身上我们一点也没有看到这种偏向。他没有受柏拉图提出的规尺作图问题束缚，而大胆开辟新的数学领域。

如果说近代科学是从无限小分析开始的，牛顿、莱布尼兹的微积分正是这种精神的体现。那么阿基米德正是这种精神的鼻祖，他开始了极限论，他引进了早期简朴的微积分。

韦达像

未多，即**韦达**（Francois Viete，1540—1603），法国人，他的主要著作是1571年出版的一本数学原理，并附有三角学（Canon mathematicus, seu ad triangula cum appendicibus），(英译名是 Mathematical Canon with an Appendix on Trigonometry)。其主要内容是天文学和宇宙学有关的数学。这类课题成了他后来毕生有兴趣的对象。

西门，即**斯梯芬**（Simon Stevin,1548—1620），荷兰人，他是一位军事工程师，曾当过商人的雇员。也可能是，他是文艺复兴以后第一个认真对力学问题钻研的人。斯梯芬和伽利略几乎是同时代人，他比伽利略年长，但是他们研究的领域是不同的，斯梯芬是在静力学方面的奠基人，而伽利略则是动力学的开山祖师，斯梯芬侧重在地面上的实际工程问题，而伽利略则对天体的问题有兴趣得多。斯梯芬著有《静力学原理》（1586年）、《数学札记》（1605—1608）。

斯梯芬像

阿哥里科拉像

斯梯芬在静力学上不仅对刚体，而且

对流体静力学也做出了宝贵贡献。从他的著作中,已经可以看到虚位移或虚速度原理的萌芽。由于他最早解决了非平行力的合成和平衡问题,所以人们称斯梯芬是静力学的奠基人。

所提到的两本绘图刻传的著作,有一本是耕田的,耕田即阿哥里科拉(Georgius Agricola,1494—1555),由于在拉丁文中 Agricola 是农夫的意思,所以该书把他直译为耕田。他是德国的一位矿物学家、物理学家和著名的医生。他的最出名的著作是《金属》,这本书奠定了近代矿物学的基础,它以精致的木板画给出了 292 幅插图,它在地质界、化学界、矿物界和冶金界产生了巨大的影响。上面就是该书一幅关于采矿的附图。

《金属》关于采矿的插图

另一本带插图的书是 1588 年出版的剌墨里的《各种人造机械》。著者剌墨里,即拉莫里(Agostino Ramelli,1531—1600),是法国和波兰亨利三世的军事工程师。书中有 194 幅双

拉莫里像

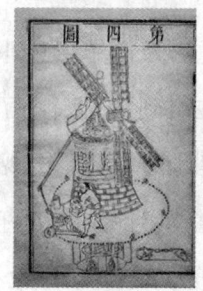

《各种人造机械》关于风车的插图

《远西奇器图说》中的风车

页刻版画，介绍泵、井架、织布机、起重机、锯子和攻城机械。下面是该书关于风车的一幅插图和在《远西奇器图说》中的风车图。拉莫里的这本书影响很大，当时就有法文和意大利文的版本。他所介绍的那些机械，作为商品，一直延续了一二百年。

2.2 《远西奇器图说》的内容

根据以上所介绍的《远西奇器图说》取材的几本书，确实是在西方科学技术上起过很大影响的书。而且《远西奇器图说》出版的1627年，距离上述几本书的出版时间只有三十来年。《远西奇器图说》在叙述静力学时，大致是遵循斯梯芬的《静力学原理》的内容来展开的，书中介绍了阿基米德的螺旋吸水器，还介绍了阿哥里科拉和拉莫里著作中的一些实用机械。当然在介绍时，作者有所发挥和创新。所以可以说《远西奇器图说》，在所涉及的范围内，还是反映了当时西方科学技术的水平的。

《远西奇器图说》中关于地心引力的页面

《远西奇器图说》，又名《奇器图说》，1627年出版。全书图文并茂，每条定理都有插图说明，共分3卷。

第一卷介绍重学、力艺与力的定义，比重、阿基米德浮力定律、重心及简单形体重心的求法等基本概念和规律。

在讲到力时引进了地心引力的概念说："重何，物每体直下，必欲到地心者是。试观上图，圆为地球，甲为地球中心，乙、丙、戊皆重物，各体各欲直下至地心方止，乃其本所故耳。譬如磁石吸铁，铁性就石，不论石之在上在下，在左在右，而铁必就之者，其性然也。"这本书出版在1627年,牛顿出生于1642年,可见早在牛顿出生之前,就有地心引力的结论。许多书上说地心引力是牛顿看到苹果下落发现的,这是不真实的。

在说到水在平衡时的状态时说:"水随地流,地为大圆,水附于地,亦为大圆。前第二款已言之矣。而兹复云水面平者何,盖大圆不见其圆,祇见其长,故亦祇见其平面矣。假如地平之上有低凹处,四周水来必满凹处,与地相平,而后流焉。故水随地而圆亦随地而平也。"

第二卷介绍杠杆、等子权度、轮轴、斜面、藤线器(即螺旋)等简单机械的原理及计算方法。书中就简单机械的效用说:"力艺学所用器具总为运重而设,重本在下,强之使上,故总而名之曰强运重之器也。器之用有三:一、用小力运大重;二、凡一切人所难运力者用器为便;三、用物力、水力、风力以代人力。"

《远西奇器图说》中之斜面

在讲到斜面时,该书说:"垂重与斜重比例亦是股弦之比例。"就是说,如图七十八款,通过滑轮的两个重物,在处于平衡时,垂线上的重物与斜边上的重物重量之比等于三角形垂直边与斜边之比。这个结论与斯梯芬1586年在他的《静力学原理》中的结论是一致的。

在讲到杠杆原理时说:"此款乃重学之根本也,诸法皆取用于此。有两系重是准

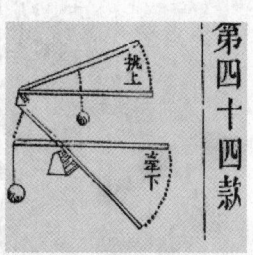

《远西奇器图说》之杠杆图

等者，其大重与小重之比例就为等梁长节与短节之比例，又为互相比例。"书中还说："有重系杠头上，支矶在内，杠柄用力，从平向下相距之所与杠头系重向上相距之所比例等于杠杆两端之比例。"在讲到轮轴时说："轮周攀索之下与轴系重之上比例为两半径之比。"又说："轮之用省力而费时。"在讲到藤线（即螺旋）时说："藤线用力最省，其费时必相反。"

在上面所引的这几句话内，首先叙述了杠杆原理，此后对杠杆与轮轴给出了着力点与重力点位移的比例，最后说这种机械省力但是费时。在对轮轴和螺旋的讨论中，又再次强调了省力而费时的结论，还进一步讨论了力与位移的关系。这和当时通常所叙述的杠杆、轮轴和螺旋的原理中，只讨论力的关系，已经有了很大的进步，它已经包含有虚功原理的萌芽了。

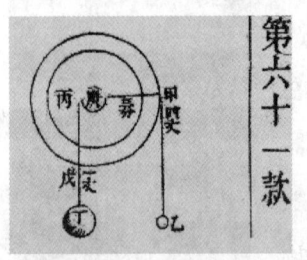

《远西奇器图说》之轮轴图

第三卷介绍各种较复杂的实用机械，如起重机械、提水机械、风车、水泵、转磨、水日晷、解石、解木、耕作等。这些工具中，有些在我国得到仿制和应用。下面是介绍恒升的插图。

《远西奇器图说》中之恒升图

书中介绍的主要为平行力的平衡问题、或即重力的平衡问题。所以这本书将所涉及的学问称为重学。而如何利用这些学问节省力是属于"力艺"。

关于力学的定义大致反映了西方当时对力学的认识。书中说："力是力气、力量。如人力、马力、风力之类。

又用力之谓,如用人力、用马力、用水风之力之谓。艺则用力之巧法、巧器,所以善用其力、轻省其力之总名也。重学者,学乃公称,艺则私号,盖文学、理学、算学之类,俱以学称,故曰公。而此力艺之学其取义本专属重,故独私号之曰重学云。"这段话,对重学(即当时对力学的译名)和力艺(亦即力学)名称的由来作了说明。由此可见,无论东方还是西方,力学早期的研究内容都大致和起重是分不开的。

这本书还说:"凡学各有所司,如医学所司者治人病疾,算学所司计数多寡,而此力艺之学,其所司不论土、水、木、石等物,则总在运重而已。"这段话则把力学的研究内容作了概括。

该书谈到力学与数学的关系时说:"造物主之生物,有数、有度、有重,物物皆然。数即算学,度乃测量学,重则此力艺之重学也。重有重之性。以此重较彼重之多寡,则资算学;以此重之形体较彼重之形体之大小,则资测量学。故数学、度学、重学之必须,盖三学皆从性理而生,为兄弟内亲,不可相离者也。"这里数学是计算的意思,和现今数学的含义不同。度学是指测量学,更宽一点,指的是几何学。

该书在"表德言",即关于力学的优点中说"天下之学,或有全美或有半美,不差者固多,差之者亦不少也。推算数测量毫无差谬,而此力艺之学,悉从测量算数而作,种种皆有理有法,固最确当而毫无差谬者,惟此学为然。"这段话把力学是精密科学的特点说得很清楚。

该书还说:"凡工匠皆有二等,一在上,一在下。在下者奉上之命,躬作诸务,有同仆役;上者指示方略,而不亲操斧凿也。自有此学,总百工之在上者亦皆在下,而此学独在其上。盖百工之在上者，非此宗，工无所取、法无所禀。承其尊贵有五：一能授诸器于百工；二能显诸器之用；三能明示诸器之所以然；四能于从来无器者，自创新器；五能以成法辅助工作之所不及。"

以上这两段话，将力学对理论和应用两个方面的作用作了很好的全面概括。

2.3 四库全书对《远西奇器图说》的介绍

《远西奇器图说》连同王徵所著的《诸器图说》为乾隆皇帝时所编修的四库全书一同收录。四库全书成书于1781年（即乾隆四十六年）底，该书对《远西奇器图说》和《诸器图说》所做的提要说：

"《奇器图说》三卷，《诸器图说》一卷。《奇器图说》，明西洋人邓玉函撰。《诸器图说》，明王徵撰。徵，泾阳人，天启壬戌进士，官扬州推官，尝询西洋奇器之法于邓玉函。函因以其国所传文字口授，徵译为是书。其术能以小力运大，故名曰重，又谓之力艺。大旨谓天地生物，有数、有度、有重，数为算法、度为测量、重则此力艺之学，皆相资而成。故先论重之本体，以名立法之所以然，凡六十一条。次论各色器具之法，凡九十二条。次起重十一图、引重四图、转重二图、取水九图、转磨十五图、解木四图、解石、转碓、书架、水日晷、代耕各一图、水铳四图。图皆有说，而于农器水法，尤为祥备。其第一卷之首，有表性言解、表德言解二篇，俱极夸其法之神妙，大都荒诞恣肆，不足究诘。然其制器之巧，实为甲于古今。寸有所长，自宜节取。且书中所载皆裨益民生之具，其法至便，而其用至溥。录而存之，故未尝不可。备一家之学也。《诸器图说》凡图十一，各为之说，而附以铭赞。乃徵所作，亦具有思致云。"

以上这段介绍，充分表达了后来统治者对待这本伟大著作的态度。本来《远西奇器图说》这本书，在介绍西方的科技成果时，就存在过分强调其实用性的缺点，几乎略去了所有的推理和证明，而只介绍结论。而四库全书的评论中，对仅有的概论部分的表性言和表德言，说是"荒诞恣肆，不足究诘"。认为这本书的价值仅在于"裨益民生，其法至便"，故"录而存之"。而他们认为"荒诞恣肆，不足究诘"的部分，恰好是该书比较有特色的部分，很值得中国人仔细研读和玩味。

科学的历史的发展说明，力学是近代精密科学的开始。力学对人类所提供的，不仅仅是可应用的器具，而更重要的是它的一整套方法论，和对待客观世界的态度。中国人"学以致用"的传统源远流长，其表现更是"急功近利"。近代力学与近代科学的精髓恰恰就是要捕捉隐藏在表面现象背后的普适规律，而"急功近利"的态度恰恰只能够触摸到事物的表面。这大概也就是为什么中国人在吸收西方科学的优秀成果上，表现得如此艰难和缓慢的原因吧。

■3 康熙皇帝时期对西学的学习

3.1 康熙皇帝向西方的学习

康熙皇帝在政务之余，学习天文和数学很努力。1667年，康熙亲政后，在皇宫畅春园蒙养斋内，邀请了比利时传教士南怀仁、法国的传教士张诚（Jean Francois Gerbllon，1654—1707）、白晋（Joachim Bouvet，1656

爱新觉罗·玄烨

—1730）等为教师，认真学习天文学与数学。

康熙皇帝对数学的认真学习，可以从白晋向法国路易十四所上的奏折中看出，白晋说："我们按照和以前进讲几何学原理（即《几何原本》）时相同的顺序，结束了理论与应用几何学的全部进讲工作，皇上对于自己已成了一个优秀的几何学者感到由衷的高兴，并流露出极为满意的神情。同时为了表示自己对这两份讲稿的重视，旨谕把它们由满语译成了汉语，并亲自执笔撰写序文，刊载于两书的卷首。然后，为在皇城内用满汉两种文字印刷成书，发行全国，皇上谕令校订两书的原稿。"①

1713年（康熙五十二年）他对皇子们说的一段话最能说明他学习数学的动机。他说："尔等惟知朕算术之精，却不知我学算之故。朕幼时，钦天监汉官与西人不睦，互相参劾，几至大辟。杨光先、汤若望于午门外九卿前，当面赌测日影，奈九卿中无一人知其法者。朕思，己不知，焉能断人之是非？因自愤而学焉。今凡入算之法，累辑成书，条分缕析。后之学此者，视此甚易，谁知朕当日苦心研究之难也！"这说明他学习数学是为了研习天文与历法。

康熙的天文与数学，是向传教士南怀仁学习的。他从学习《几何原本》开始，组织编译了《数理精蕴》、《算法纂要总纲》、《借根方算法节要》、《勾股相求之法》、《测量高远仪器用法》、《八线表根》、《比例规解》、《对数表》、《数表精祥》、《阿尔热巴拉新法》（即代数学）等重要著作。这些著作除包含了我国古代数学和天文学的主要成果外，还几乎包含了当时西方数学的主要成果，也包含了当时西方在牛顿之前天文学中的主要结果。

① 白晋.康熙皇帝.哈尔滨：黑龙江人民出版社，1981.38

3.2 康熙皇帝向西方学习的成就和局限性

应当说康熙皇帝在向西方学习数学和自然科学中确实取得了很大的成就。在中国从古到今的数以百计的皇帝中，能这样追求科学而好学，是很难能可贵的，也是唯一的一位皇帝。

除了天文学和数学之外，他还亲自进行过声音速度的测量。在他的随笔《几暇格物编》中，记载了一则他所做的关于枪声的实验，题目是"雷声不过百里"。他说："朕以算法较之，雷声不能出百里。其算法：依黄钟准尺寸，定一秒之重线，或长或短，或重或轻，皆有一定之加减。先试之铳炮之属，烟起即响，其声益远益迟。得准比例，而后算雷炮之远近，即得矣。朕每测量，过百里虽有电而声不至，方知雷声之远近也。朕为河工，至天津驻跸，卢沟桥八旗放炮，时值西北风，炮声似觉不远，大约将二百里。以此度之，大炮之响比雷尚远，无疑也。"从玄烨的话里，看出他做实验很精细。所说的"黄钟"是古时一个标准音阶，它的律管长九寸径九分，可以当作标准长度。至于定1秒之重线，很可能使用的单摆摆长周期为1秒。定好了量测时间的标准，后面的测量就不难进行了。他的实验，和大致在同时代法国科学院于1738年测声速的办法差不多。只不过玄烨没有提出声速的概念，而得到的是比例的概念，玄烨说的"得准比例"，便是现今单位时间内声波走的距离，也便是声速。可惜他未记下得到的比例是多大。

玄烨所做的声速实验很仔细，他甚至没有忽略他在天津听到卢沟桥炮声时刮的是西北风，可见他已经意识到风对声音传播会产生影响。他当时处于下风，所以听得较远。然而限于当时的知识，他却没有考虑声音的折射现象。夏天打雷的时候，恰好天空温度较低,声音一般向天空折射,玄烨所以听不到超过百里以外的雷声,很可能他是处于声静区。听到声音与否,不仅同雷炮二者发声的能量有关,还同听者所处的地方和气象条件有关。设想玄烨听炮声是处于上风头,听到的炮声未必会比雷声距离远。所以还不能就一般地说:"大炮之响比雷尚远,无疑也。"

不过,我们也应当看到,玄烨毕竟是皇帝。他有他的局限性。如果把他与明末的徐光启来作比较。他们二人都是向西方学习科学技术的组织者。都组织编写了许多介绍西方科学技术的图书,也都勤奋地学习。但是在对待西方科学技术的态度上,却表现出很大的不同。

在学习的目的上,徐光启在《历书总目表》中早就提出"欲求超胜,必须会通"(《东华录》)。就是说学习西方的目的是为了超过和胜过西方,并且身体力行地去普及一些西方的科学技术。而玄烨的学习目的却是为了"己不知,焉能断人之是非?因自愤而学焉。"就是说学习西方的科学技术是为了在下属有争议时,能够判别是非。徐光启在对待《几何原本》上,是说:"能令学理者祛其浮气、练其精心;学事者资其定法,发其巧思,故举世无一人不当学。"而玄烨却"自愤而学焉"。

其次,在对待西方的科学技术上。徐光启和玄烨也是采取完全不同的态度。由于相当深入地学习和接触了已经具备近代形态的西方科学,他能够对中西学术的优劣形成自己的比较和判断。他说过一些贬抑中国传统天文数学的话,例如他说:

"至于商高问答之后,所谓荣方问于陈子者,言日月天地之数,则千古大愚也(《徐光启集》卷二'勾股义序')。

《九章》算法勾股篇中,故有用表、用矩尺测量数条,与今

《测量法义》相较，其法略同，其义全阙，学者不能识其所由（同上'测量异同绪言'）。"

在这里，徐光启指出了《周髀算经》中不合科学的地方，同时指出勾股篇中缺少证明的缺点，亦即"其义全缺"。他这里所指出的正是我国天文和数学的缺点。

而玄烨在对待西方的科学技术上，却是一位"西学东源"说的倡导者。例如在对待西方的代数学上，康熙说："即西洋算法亦善，原系中国算法，彼称为阿尔巴朱尔——阿尔巴朱尔者，传自东方之谓也。" 这里阿尔巴朱尔，就是西方的代数学（Algebra）的音译。玄烨这里说西方的代数学是来自东方，这无疑为"西学东源"说起了推波助澜的作用。从清初一直到民初，数百年间"西学东源"一直是一种阻碍中国人向西方学习的一种思潮。

■ 4 雍正和乾隆的关门政策与乾嘉学派

4.1 雍正的禁教与乾隆的闭关

如果说中国的近代力学、数学和天文学是西方人从17世纪开始送上门来的，那么这些学科在中国的传播与扎根是一个十分曲折的过程。其所以曲折，是由于皇帝在总体上对吸取外国文化的态度多变，时而开放时而关闭。

实际上，在康熙皇帝当政的后期，已经逐步采取对传教士的限制政策。大约是从1705年（康熙四十四年）教皇的特使多罗来华，要求禁止中国教民尊孔祭祖，这引起康熙皇帝的很大不满，这就是所谓的"礼仪之争"。于是康熙下令凡在华传教士均需领

"票",用现代的话说,就是要传教士"凭票"传教。对传教士采取了限制的政策。

1721年,雍正皇帝即位,开始执行禁止洋教的政策。1724年(雍正二年),雍正帝召见在京传教士费隐、巴多明等声明:"当明万历初,利玛窦来中国也,(朕不论当时华人之所为,概此不是问题。)当时教士不多,不若现在若是众多,及至教堂之遍及各省也。尔等欲我中国人尽为教徒,此为尔等之要求,朕亦知之;……,试思一旦如此,则我等为如何之人,岂不成尔等皇帝之百姓呼?教徒唯认识尔等,一旦边境有事,百姓惟尔等之命是从;虽现在不必顾虑及此,然苟千万战艘,来我海岸则祸患大矣。但试思一旦如此,则我等为如何之人,岂不成为尔等皇帝之百姓乎?百姓惟尔等之命是从,虽现在不必顾虑及此,然苟千万战舰来我海岸,则祸患大矣。"①七月十七日发布禁教令:令国人信教者应弃教,否则处以极刑;各省西洋教士限半年内离境;下令禁教并没收各省的教产,没收教堂,改为义仓等。那时,除钦天监留用和居住在北京的少数洋教士外,所有的洋教士一律驱赶到澳门看管。西人传教以及传播自然科学的活动一律停止。

禁教政策,到乾隆皇帝1735年即位后,比雍正更进了一步。终于发展到闭关锁国的地步。如,1747年(乾隆十二年)严令教士逐回澳门,教徒被充军。1757年(乾隆二十二年)下令实行闭关,拒绝一切西方人士入中国。

从17世纪初的明末到19世纪尾的清末,偌大一个中国,丝毫没有学习外语的积极性,竟没有一个人学会外语直接从外文翻译西方著作,就是最有力的说明。在这长达200多年的历史时期

---

① 徐宗泽著.中国天主教传教史概论.上海:上海书店,1990

中，所有翻译西方的著作，都是由外国人学会汉语即"西人之通中西两文者"口授，中国人笔录而成。所有的西方学术的确是外国人主动送上门来的。而且中国人对这些东西还是采取鄙视或仇视的态度。

对于西方的科学技术，当时出现了许多排斥的说法。我们举一位作者在文中说："今按彼自鸣钟，不过定刻漏耳，费数十金为之，有何大益？桔槔之制，曰人力省耳。乃为之最难，成之易败，不反耗金钱乎？"这是从新技术是浪费方面来说的。另一位作者排斥外国的历法是从它违反中国固有的法律和传统说的："彼云国中首推算历数之学，为优为最，不同中国明经取士之科，否则非天主教之诫矣。不知私习天文伪造日历，是我太祖成令之所禁，而并严剖厥其书者也。假令我国中崇尚其教，势必斥毁孔孟之经传，断灭尧舜之道统。费经济而尚管占，坏祖宗之宪章可耶。"

如果说，从明末到清初，直至康熙皇帝，尽管时紧时松，西方的传教士还被允许一方面传教，一方面传播西方的科学技术。到了1721年，雍正皇帝即位，执行排斥洋教的政策。他们认为允许传教会最终动摇他们的专制统治。从此中国就再也不允许传教士活动了，传教士传播西方科学技术的活动也便中止。后来由于政府和百姓的通力合作，在清朝后来的一百多年里，排斥传教，杀传教士的纠纷始终没有停过。著名的英法联军和八国联军战事，开始也都或多或少是和教案有关的。其实著名的太平天国起义也是受西方传教的影响而发展的。

对于康熙皇帝使用洋教徒而雍正皇帝之后的驱赶洋教徒，清人复农氏和杞庐氏有一首竹枝词说：

圣祖当年用楚材，远人恭顺敢生猜。而今驱遣同羊豕，疑是晴天霹雳来。

不管怎样，由于对洋人不加区分，一律视为敌人，在禁止"邪教"的同时，西方的科学技术也被禁止了。从雍正一直到1840年鸦片战争的一百多年里，中国就再没有人敢于向西方学习科学技术了。又由于对内文字狱的发展，知识分子在总体上，就没有对现实问题感兴趣的研究，而陷入考据中去了。这就是史称的著名的乾嘉学派。即乾隆、嘉庆两朝的对古书寻章摘句和对古董的考据研究所形成的学派。

鸦片战争的失败，使一些有识之士看到，必须向西方学习，提出"师夷制夷"的口号。不过，时间已经过去了一百多年了，西方的力学和其他科学技术学科，力学中的分析力学、天体力学、流体力学、固体力学等分支也大都是在这一百多年中发展成熟的。如果在康熙时期，中国同西方在科学技术方面的差距还不十分大的话，鸦片战争后在科学技术方面，中国对西方的落后就不可同日而语了。

4.2 阮元与他的《畴人传》

雍正、乾隆采取了闭关锁国的政策，西方科学技术的传入停滞了一百多年，与之相应，在学术上乾嘉学派虽然采陷入繁琐考据。不过在整理前人成果和对科学技术的考据方面还是有不少值得重视的东西。其中最值得称道的是阮元所著的《畴人传》。

阮元（1764—1849）字伯元，号芸台，江苏仪征人。乾隆五十四年的进士，曾任湖广、两广、云贵总督，还曾任各部大臣。在鸦片战争前十年间，是清政府主管对西方贸易的大员。他长于经学，也精于金石、音韵、天文、地理、数学等方面。曾在杭州创建诂经精舍，在广州建学海堂，从事精学研究和传播。主编和组织校刻《十三经注疏》、《经籍纂诂》，汇刻《皇清经解》，又曾主持重修浙江和广东两省的《通志》。由于这些成果，后人誉之为经学大师。

参与阮元编辑《畴人传》的，有江苏元和县的李锐（1769—1817），和浙江台州临海县的周治平。阮元说："助元校录者，元和学生李锐暨台州学生周治平力居多"[①]

李锐，幼时聪颖，曾研读明代程大位所著的应用数学书《算法统宗》，稍后师从朴学大师钱大昕（1729—1804），同时对西方传入的天文学亦有领略。当时李锐与通于天文数学的焦循（字理堂，号里堂，1755—1820）、汪莱（字孝婴，1768—1813）、凌廷堪（字次仲，1755—1809）交流切磋天文学，时人称李、汪、焦为"谈天三友"，阮元在《定香亭笔谈》中称焦、李、凌为"谈天三友"。

周治平，生卒不详。多年考秀才而未中，乃改学天文数学。阮元任浙江学政到台州时，得到阮元的赏识。称他"精于西人算术，通'授时'、'时宪'诸法，明于仪器。"

《畴人传》初编45卷，记载了自古至当时天文历法学家275人，其后4卷作为附录，记载了西洋天文学家和数学家41人。

首先，《畴人传》中所谓畴人，作者是指，那些掌握天文历法而又世代相传的人。所以全书所立传的人皆为历算学家。

在中国古代，天文和算学长期为神学和迷信所缭绕和混杂，

[①] 阮元.畴人传.上海：商务印书馆，1933

其中混进了不少星相、占卜之类的材料。正如书中所声明的："是编著录，专取步算一家，其以妖星、晕珥、云气、虹霓占验吉凶，及太一、壬遁、卦气、风角之流涉于内学者，一概不收。"①说明编者采取了一种唯物主义的立场，应当说，这是随科学传播发展的一种进步，是应当充分肯定的。

在天文学中，观测是非常重要的，《畴人传》特别强调观测，在凡例中说："算造根本，当凭实测；实测所资，首推仪表。"所以书中对历代天文历法活动中，各种观测仪器的改进和制作的资料，均尽量详尽地收集。书中对明以前创制和改进仪器的天文学家就介绍了40多位，例如东汉张衡的浑象、南北朝孔挺的浑天铜仪、隋耿询的水转浑象、唐李淳风的六合仪、三辰仪、四游仪、一行、梁令瓒的水运浑象、宋苏颂的水运仪象台、元郭守敬的简仪、仰仪、景符等，介绍得都比较详细。

《畴人传》介绍人物时，连同他们的成果也一同介绍。不过它所介绍的成果仅限于在天文观测中的成果，它介绍了许多观测结果。然而对天文学的新理论却介绍得很少。例如书中介绍了奈端（即牛顿）、歌白尼（即哥白尼）和刻白尔（即开普勒）但是却只介绍了他们的某些观测结果，而没有介绍他们的理论。

《畴人传》在每个人的传记之后，还有一段评论性的文字。这些评论中，作者特别强调了"西学东源"说。例如在关于利玛窦的评论中说："但可云明之算家不如泰西，不得云古人皆不如泰西也。"在对汤若望的评论中说："西术之密，亦密于今耳，必不能将来永用无差忒。小轮之法，旋改椭圆，可见也。世有郭守敬其人，诚能遍古今推步之法，亲验七政运行之故，精益求精，期

---

① 阮元.畴人传.上海：商务印书馆，1933

于至当，则其造诣当必有出西人之上者。使必曰：'西学非中土所能及'，则我大清亿万年颁朔之法当问之于欧罗巴乎？此必不然也！精算之士当知所自立矣。"在这段议论中，可以看出，作者在提倡西学东源的同时，还希望中国的历法学者做得更好。不过事实上，西学东源非但不能激励中国人向西方学习，反而成为了学习西方先进科学技术的心理障碍。

■5 明末清初力学在中国传播的总的情况

明末清初这一段，主要是外国人向中国输入西方力学知识的时期。中国虽然也有个别吸收西方力学知识的积极分子，但都表现为个人的行为，其中包括徐光启和康熙皇帝这些很有地位的人，都没有从体制和教育上形成吸收西方力学知识的氛围。总的来看这一阶段，有以下一些特点。

第一，应当说，在明末西方传教士带来的书籍和当时的力学知识，虽然不是当时西方最先进的，但是还是与当时世界的先进水平相去不远的。《远西奇器图说》所叙述的力学水平大致就是西方的水平。不过，由于对西方科学中的理论和逻辑推理部分基本上没有吸收，而只是注意到西方力学中的与应用有关的部分。即仅吸收了当时力学与技术有关的部分，而恰恰忽视了力学与科学有关的部分。四库全书对该书所加的按语很明白地说明了这一点。

第二，在明末清初这段时期，中国人对吸收西方的力学知识上和吸收西方的所有文化和科学上，是一波三折的。不过，到雍正1721年即位和乾隆时期采取闭关锁国的政策之后，直到1840年鸦片战争之前，吸收西方科学就基本上停止了。而西方的力学正好是在这个时期得到飞速发展的，在这一时期西方出现了一大批力学巨人，如欧拉（L. Euler, 1707—1783）对刚体力学、流体力学、弹性杆理论以及力学中变分原理的推进、拉格朗日（J. L. Lagrange, 1736—1813）对分析力学的推进、拉普拉斯（P. S. Laplace, 1749—1827）对天体力学的推进、纳维（Navier, 1785—1836）对弹性力学和流体力学基本方程的建立、柯西（A. L. Cauchy, 1789—1857）对弹性力学的贡献、托马斯·杨（Thomas Young, 1773—1829）引进能量的概念、亥姆霍兹（H. von Helmholtz, 1821—1894）对能量守恒原理的推进、瓦特（J. Watt, 1736—1819）离心调速器的发明等等。他们把力学推向了一个更高的水平。而在这一百多年之中对西方的这些伟人的贡献以及力学和相关科学的发展，由于闭关锁国，几乎一无所知。所以，总结明末清初这一段时期当局对西方传播科学知识的政策，基本上是开始时，听之任之，到后来采取完全闭锁的政策。与这种政策相适应的心理状态，是对西方的科学技术所采取的排斥态度。其中"西学东源"说，即认为西方的现代科学技术都是从我们东方学去而我们东方失传了，就是一种典型鄙视西方科学技术的心态。

第三，这一时期，国内在文化上的乾嘉学派，以考据为主。但也不是一无可取，比较有代表性的工作是阮元所主持编著的《畴人传》。

第四，在清朝以前，中国的天文学只能是皇帝任命官员研究，严禁民间涉猎，如果违犯禁令，是要杀头的。入清以后在天文学研究上一个显著进步就是允许民间研究天文。这主要是由于传教士的影响和冲击。因为传教士在西方都不是当官的。康熙皇帝能够允许外国传教士传授天文学，自然也就对本国知识分子研究天文学开禁了。所以在17、18世纪，中国出现了一大批有名的民间天文学家。如江永(1681—1762)、戴震（1724—1777）、阮元（1764—1849）、焦循（字理堂，号里堂，1755—1820）、汪莱（字孝婴，1768—1813）、凌廷堪（字次仲，1755—1809）、研习天文学的女诗人王贞仪（1768—1799年）等。也同时出现了许多民间的天文学著作。

第二章
晚清时期
现代力学的传播

> 翻译一事系制造之根本，洋人制器出于算学，其中奥妙皆有图说可寻；特以彼此文义扞格不通，故虽日习其器，究不明乎用器与制造之所以然。
>
> 曾国藩

清朝所实行的闭关锁国的政策,从1721年雍正即位开始,到1840年,外国人终于用洋枪洋炮敲开了中国的大门为止,闭关锁国的时间长达一百多年。

在敲开中国大门后,从两个方面说,外国的近代科学技术知识逐渐传入中国。

一方面,来中国的外国人人数快速增加。经商的、传教的、开办工厂的,一时都涌来中国。1842年的《南京条约》以及随后1843年《虎门条约》等几个不平等条约的签订,开放了广州、厦门、福州、宁波、上海五处为通商口岸,并准许英国在五口岸派驻领事。从此,中国东南沿海广东、福建、浙江、江苏四省的门户大开。开始了外国人在华的租界和租借地。除五口之外,逐渐扩大到天津、汉口、胶东等地。外国人口剧增,就要为他们的子弟办学校、办报纸,按照西方当时的生活方式生活。在西方自文艺复兴之后,教育就逐步脱离经院轨道,逐步不讲授或减少讲授神学,而增加文学、艺术和现代自然科学的内容。后来这些学校逐渐对华人开放。

另一方面,鸦片战争之后,中国的有识之士看到中国的失败和西人的船坚炮利,提出"师夷之长技以制夷"的口号。之后从19世纪60年代起形成全国范围的"洋务运动"。它的主要内容是聘请洋技术专家教学生、办工厂、买枪炮、买机器。如1865年成立江南制造总局与金陵机器局,1862年在北京成立的同文馆专门培养翻译,1866年成立的福州船政局,1866年同文馆又设天文与算学二馆(1898年京师大学堂成立,同文馆并入)。这些洋务措施客观上需要懂得西方语言和科学技术的人才。中国人向西方学习科学技术,又进入了一个新的高潮。

遗憾的是，时间已经过去了一百多年。如果说，中国的科学技术在康熙时代，与西方的差距还不大的话。现在，在闭关锁国之后一百多年，西方人正是在这一阶段取得科学上的巨大进步的，他们的力学学科也正是在这一阶段达到成熟的，中国人比起西方人落后得就不可同日而语了。

1 翻译局的成立和对西方力学著作的翻译

洋务派在引进西方技术的同时，注意到必须翻译西方的著作。于是成立了若干所专门从事西方科学技术著作翻译的官办机构。1868年，曾国藩在向皇帝的奏稿中汇报翻译的成绩时说："翻译一事系制造之根本，洋人制器出于算学，其中奥妙皆有图说可寻；特以彼此文义扞格不通，故虽日习其器，究不明乎用器与制造之所以然。本年局中委员于翻译甚为究心，先后订请英国威烈亚力、美国傅兰亚、玛高温三名，专择其裨制造之书详细译出。现已译成汽机发轫、汽机问答、运规约指、泰西采煤图说四种。"翻译了几本书，还要"上达圣听"，可见当局对翻译西书的重视。1896年出版的《西学书目表》，列出在此以前已译成中文出版的书籍353种，其中有253种是科技书，不过，其中多是与军事有关的科技书，关于基础科学和力学的书籍很少。这种情况是基于当时的认识："盖时人之论，以为中国一切皆胜西人，所不如者兵而已。"[①]

1.1 同文馆的力学教育与研究

1862年(同治元年)在恭亲王奕欣（1833—1898）等人的提

---

① 郑鹤声，郑鹤春．中国文献学概要．上海：商务印书馆，1933.166~171

议下、经两宫皇太后核准，以培养翻译人才为主要任务的同文馆开办了。它实际上是一所向西方学习的综合性学校。在同文馆开办4年之后，随着洋务活动的开展，洋务派深感科学技术人才的缺乏，他们意识到必须在同文馆内开设算学馆与天文馆，以培养"奇技异能之士"。围绕是否开设这两馆，在洋务派与保守派之间开展了一场长达半年的辩论。

保守派以同治皇帝的老师倭仁为首，向皇帝上书指斥学习天文、算学为："以咏习诗书者而奉夷为师，其志行已可概见，无论所学必不能精，即使能精，又安望其存心正大、尽心报国乎？恐不为夷人用者鲜矣。且夷人机心最重，狡诈多端，今欲习其秘术以制彼死命，彼纵阳为指授，安知不另有诡谋？奴才所虑堕其术中者，实非过计耳。"①

洋务派以恭亲王奕欣为首向皇帝委婉陈词："自道光20年以来，因海疆多事，曾经奉有谕旨，广召奇才异能之士，迄无成效。近年臣等与各疆臣悉心讲求，仍无所获，往返函商，不得已议奏招考天文算学，请用洋人，原欲窥其长短以受知彼知此之效。并以中国自造轮船、枪炮等件，无从入手，若得读书之人旁通其书籍、文字，用心研究，译出精要之语，将来即可自相授受，并非终用洋人。"②

这场辩论最后以洋务派得胜，于1867年6月举行公开招生考试，并录取30名学生而告终。

同文馆中应当提到的有两位教习：

丁韪良（William Alexander Parsons Martin, 1827—1916）美

---
① 郝平著. 北京大学创办史实考源. 北京：北京大学出版社，1998. 37
② 郝平著. 北京大学创办史实考源. 北京：北京大学出版社，1998. 36

国长老会的传教士,1850年来华。1858年任美国首任驻华公使列威廉的翻译。1862年以后他在上海、北京、开封等地办学、传教,1865年被聘为同文馆英文教习,1869年又被聘为总教习。1898年京师大学堂开办后,又出任京师大学堂的西学总教习,至1902年离任。1916年在北京逝世。

另一位是算学教习李善兰。1868年到同文馆。

同文馆教授自然科学、外文、西方政治、经济、法律等课程,总学习时间为8年。其中力学知识从当时的水平来看,是有一些的深度的。今举历届学生的考试题中的一些力学题:

1872年同文馆岁考题①

格物题(汉文)

以水力积气开凿山道,其机格式如何?

以水为则而权物之轻重者,其说法若何?

有船底如三角,前后宽窄如一,长十丈,于水面量之,阔丈五,吃水八尺,试推其船货共重几何?

蒸汽有力可用,由何而生?

瓦德(特)之汽机胜于前者,于何见之?

汽机之高度与低度者,其理安在?

测算汽机之力,其式若何?其理若何?

设汽机之压每方寸有一百三十二磅,活塞面积二百方寸,其路八尺,每分时往返五十次,试求其机之马力若干?

设其余数同上,而欲得马力三百二十者,其活塞圆径须若干?

1886年同文馆大考题②

---

① 舒新城. 中国近代教育史资料 中册. 北京: 人民教育出版社, 1981. 602
② 郝平著. 北京大学创办史实考源. 北京: 北京大学出版社, 1998. 37

格物测算题

物自极高下坠地,力时变而无恒,其求速公式,何法推之?

物自无穷远落地,其末速几乎七洋里,设自无穷远而落于太阳,试推其末速如何?

有钟自赤道移至北极,试推其杪(秒)摆次数加增若干?并明其用以探测地形之法。

有百斤炮子以一千六百尺之速击铁甲船,试以尺磅推算其力。

炮子轰击土城,若倍其速,必深入四倍,试明其理。

船有铁桅,必为空身,试言其故,并算其空身与实体者强弱比例。

此外,还可以从其他考试的试题中选一些与力学有关的题目,如:

今有炮位,堂径尺五,若以铁较水重八倍,试推其炮子轻重若何?

有枪子向上直放,二十秒始落,试推其升高若干?并绘图明其理。

物自极高下堕地,力时变而无恒,求其速度公式,何法推之?

山高一里半,山上有营,平地测得其高度为三十度,用平地最远界八里之炮击之,炮轴应用若干度方向?

在同文馆工作的教习,除教学、译书之外还作一些研究。其中最优秀者如李善兰,他除了在数学方面有尖锥术、垛积术、素数论三项研究工作外,在力学方面著有《火器》一卷,主要讨论外弹道的简化计算问题。

1.2 其他翻译机构的工作与学校的成立

在1862年(同治元年)同文馆成立后,紧跟着在国内的其他地方成立了翻译机构与培养有关人才的学校。

1863年在上海成立了广方言馆。开始,李鸿章向皇帝的奏折拟定的名称是"上海外国语言文字学馆",后来在冯桂芬拟定的试办章程中,正式定名为"学习外国语言文字同文

江南制造局翻译馆外景

馆",简称"上海同文馆"。后来于1867年更名为"上海广方言馆"。1869年移入江南制造局,与原江南制造局的工艺学堂合并。初办时学生每年49名,后来最多到每年80名。

1864年在广州开办了广州同文馆,1867年(同治六年)在福州开办了福州船政学堂,1881年(光绪七年)在天津开办了天津水师学堂,1886年(光绪十二年)开办了天津武备学堂,1887年(光绪十三年)在广州开办了广东水师学堂。这些学校都是为了培养有关的技术人才,所以在教学计划中都列入了相应的自然科学和力学基础课。

1865年江南制造局开办,至1868年附设在制造局的翻译局开办。如果说北京和上海等地的同文馆在这些年内也翻译了一批西书,这些书有属于科学技术方面的,但还有许多是属于社会科学和历史方面的。那么,江南制造局翻译馆所翻译的书则绝大多数是科学技术方面和医学农学方面的著作。江南制造局翻译馆是当时由官方所创办的第一所专门从事西书编译的机构。

江南制造局翻译馆成立后,傅兰雅即到翻译馆任职。自1868年至1870年,傅兰雅受托先后分三批从英国购买西书共190种。之后傅兰雅在这里一共工作了28年,他是该馆译书最多的人。翻

译馆从1871年（同治九年）正式出书，到1899年，江南制造局翻译馆共出书129种。1909年翻译馆译员陈洙编的《江南制造局译书提要》共收书160种。①

1.3 西人在华设立的学校和科学技术出版组织

鸦片战争以后，外国人在广州、厦门、福州、宁波、上海开设了一些教会学校。到1860年第二次鸦片战争后，通商口岸不断增加，传教士进入内地变得非常方便，教会学校便快速增长。

据统计，在1877年之前，基督教在中国共有教会学校462所，在校学生8522人。到1890年之前，全国基督教会学校的学生达19836人。戊戌变法之后，特别是在1906年清政府取消科举实行新学制之后，基督教和天主教都加紧在华办学。教会学校的数目再一次迅速增长。到1912年前后，基督教和天主教在华办的各种教会学校中共有学生约20万。在华教会学校和学生数的这种增长，说明教会学校逐步被中国社会所接受。

早期比较著名的几所教会学校是：

1864年北京的贝满女学，后发展为贝满女中；

1867年通州的潞河书院，后发展为协和大学；

1871年武昌的文华书院后发展为东吴大学；

1879年将圣公会在1865年设立的格雅书院和1866年设立的度恩书院合并成立约翰书院，1890年开设大学课程，后发展为圣约翰大学。

在这些学校的设立的课程中，有算术、代数、物理、天文、化学、地理、动物、植物、测绘、航海、解剖等。其中在物理课与天文课中以较多的课时教授力学知识。

---

① 熊月之.西学东渐与晚清社会.上海：上海人民出版社，1994

这里要特别介绍的是由外国人创办的一所学校，它并不是教会学校，而是一所专收华人不收西人的学校。它就是由英国驻上海领事麦华陀（Sir Walter Henry Medhurst, 1823—1885）倡议开办的格致书院，于1876年6月22日（光绪二年闰五月初一）正式开办。

格致书院的院务由中西人士组成的董事会管理，历任董事会成员，其著名者有西人傅兰雅、伟烈亚力等，华人有唐廷枢（企业家，轮船招商局总办）、徐寿、华蘅芳、徐建寅、王韬等。辛亥革命后，这所书院于1913年停办。

格致书院兼有博物馆与科技学校两种功能。该院在成立之初，向各界呼吁捐助的公函中称办学宗旨为："令中国便于考究西国格致之学、工艺之法、制造之理。"并得到英国各界的热烈响应，得到大量捐助。

格致书院陈列的：生物、食物、机器、运输机械、摄影器材、兵器天文地理等物品，常年免费对公众开放，任人观看。

格致书院在普及力学教育上作了很多工作，仅举一个考题说明：1892年登莱青道李正荣出的题是：

"问枪炮取准必用抛物线法，今以二十四生特之炮，平击敌船，当若干里？若斜向下击，或斜向上击，各当若干里？究竟下击上击有何区别？果用何法乃能避其上击，仍不碍我下击？能精思其故得其数而详述欤？有以开花弹子下坠平口与平击竖口，当用何术使之不失累黍？能考其用法欤？"

格致书院于1879年开始招收学生，除上课外。还不定期对公众作传播科学知识的公开讲座。傅兰雅从1895年开始，曾在这里系统讲授西学。后来他编写的一套很有影响的介绍西方科学知识的教科书"格致需知"大约就是在这些讲授的基础上形成的。

格致书院在传播西方科学技术上,影响很大。它一度成为人们关注西学传播的一个中心。

■2 几位著名的翻译家

在传播西学的过程中,出现了不少著名的翻译家。一般说来,在西学向中国传播的过程中,中国人学习西方语言的积极性远不如西人学习中国语言的积极性那样高。所以一直到辛亥革命前夕,中国人翻译西书,主要形式是外国人口授,中国人笔录整理,或者完全由精通汉语的外国人翻译。下面介绍的几位就是在清末翻译西方科学技术书籍,特别是力学书籍的重要人物。

2.1 李善兰——近代科学的先驱

在李善兰之前,介绍力学的,有顾观光(1799—1862)所撰的《静重学记》《动重学记》《流质重学记》和《天重学记》四篇文章,比较简单地全面介绍了当时西方的静力学、动力学、流体力学和天体力学等学科。顾观光的这四篇文章被收入《清经世文续编》中。顾观光,江苏金山人。初为太学生,博通经史百家、天文历算,但屡试不第,后弃儒继承家学行医。致力于本草学研究,博览古医籍,搜采散见各书中之《本草经》佚文,重辑《神农本草经》,对整理和继承古代本草学有一定贡献。同时对数学、力学和近代科学技术也有很深的造诣。

李善兰(1811—1882)原名心兰,字竟芳,号秋纫,别号壬叔。浙江海宁人。在数

李善兰像

学、天文学、力学、植物学等方面都有贡献。

李善兰出生于书香世家,自幼就读于私塾,受到了良好的家庭教育。他资禀颖异,勤奋好学。9岁时,李善兰发现父亲的书架上有一本《九章算术》,感到十分新奇有趣,从此迷上了数学。

14岁时,李善兰又靠自学读懂了欧几里得《几何原本》前六卷,这是明末徐光启、利玛窦合译的古希腊数学名著。

几年后,乡试落第。但他却毫不介意,而是利用在杭州的机会,留意搜寻各种数学书籍,买回了李冶的《测圆海镜》和戴震的《勾股割圆记》,仔细研读。

1845年前后,李善兰在嘉兴陆费家设馆授徒,得以与江浙一带的学者(主要是数学家)顾观光、张文虎(1808—1885)、汪曰桢(1813—1881)等人相识,他们经常在一起讨论数学问题。此间,李善兰有关于"尖锥术"的著作《方圆阐幽》、《弧矢启秘》、《对数探源》等问世。其后,又撰《四元解》、《麟德术解》等。

1852年夏,李善兰到上海墨海书馆,将自己的数学著作给来华的外国传教士展阅,受到伟烈亚力(A. Wylie,1815—1887)等人的赞赏,从此开始了他与外国人合作翻译西方科学著作的生涯。

李善兰与伟烈亚力翻译的第一部书,是欧几里得《几何原本》后九卷。在译《几何原本》的同时,他又与艾约瑟(J. Edkins,1823—1905)合译了《重学》20卷。其后,还与伟烈亚力合译了《谈天》18卷、《代数学》13卷、《代微积拾级》18卷,与韦廉臣(A. William-son,1829—1890)合译了《植物学》8卷。以上几种书均于1857至1859年间由上海墨海书馆刊行。此外,他还与伟烈亚力、傅兰雅（J. Fryer）合译过《奈端数理》（即牛顿《自然哲学的数学原理》），可惜没有译完，未能刊行。

1860年，李善兰在江苏巡抚徐有壬幕下作幕宾。太平军占领苏州后，他留在那儿的行箧，包括各种著作手稿，散失以尽。从此他"绝意时事"，避乱上海，埋头从事数学研究，重新著书立说。其间，他与数学家吴嘉善、刘彝程等人都有过学术上的交往。

1861年秋，洋务派首领、两江总督曾国藩（1811—1872）在安徽筹建安庆军械所，并邀著名化学家徐寿（1811—1884）、数学家华蘅芳（1833—1902）入幕。李善兰也于1862年被"聘入戎幄，兼主书局"。他一到安庆，就拿出"印行无几而板毁"于战火的《几何原本》等数学书籍请求曾国藩重印刊行，并推荐张文虎、张斯桂等人入幕。他们同住一处，经常进行学术讨论，积极参与洋务新政中有关科学技术方面的活动。

1864年夏，曾国藩攻陷太平天国首都天京（今南京），李善兰等也跟着到了南京。他再次向曾国藩提出刻印他所译所著的数学书籍，得到曾国藩的支持和资助，于是有1865年金陵刊本《几何原本》15卷和1867年金陵刊本《则古昔斋算学》24卷问世。与此同时（1866），在南京开办金陵机器局的李鸿章（1823—1901）也资助李善兰重刻《重学》20卷并附《圆锥曲线说》3卷出版。

1866年，在北京的京师同文馆内添设了天文算学馆，广东巡抚郭嵩焘（1817—1891）上疏举荐李善兰为天文算学总教习，但李善兰忙于在南京出书，到1868年才北上就任。从此他完全转向于数学教育和研究工作，直至1882年去世。其间所教授的学生

"先后约百余人。口讲指画,十余年如一日。诸生以学有成效,这些人在传播近代科学知识方面都起过重要作用。

李善兰到同文馆后,第二年(1869)即被"钦赐中书科中书"(从七品卿衔),1871年加内阁侍读衔,1874年升户部主事,加六品卿员外衔,1876年升员外郎(五品卿衔),1879年加四品卿衔,1882年授三品卿衔户部正郎、广东司行走、总理各国事务衙门章京。一时间,京师各"名公钜卿,皆折节与之交,声誉益噪"(蒋学坚《怀亭诗话》)。但他依然孜孜不倦从事同文馆教学工作,并埋头进行学术著述,1872年发表《考数根法》,1877年演算《代数难题》,1882年去世前几个月,"犹手著《级数勾股》二卷,老而勤学如此"(崔敬昌《李壬叔征君传》)。

李善兰在数学方面的研究成果主要见于其所著《则古昔斋算学》13种24卷和题为"《则古昔斋算学》十四"的《考数根法》。1867年刊行的《则古昔斋算学》收录他20多年来的各种天算著作,计有《方圆阐幽》1卷(1845)、《弧矢启秘》2卷(1845)、《对数探源》2卷(1845)、《垛积比类》4卷、《四元解》2卷(1845)、《麟德术解》3卷(1848)、《椭圆正术解》2卷、《椭圆新术》1卷、《椭圆拾遗》3卷、《火器真诀》1卷(1858)、《对数尖锥变法释》1卷、《级数回求》1卷、《天算或问》1卷。《考数根法》则发表于1872年的《中西闻见录》第二、三、四号上。李善兰的其他数学著述还有《测圆海镜解》、《测圆海镜图表》、《九容图表》、《粟布演草》、《同文馆算学课艺》和《同文馆珠算全铖》等多种。

李善兰的数学成就主要有尖锥术、垛积术、素数论三个方面。19世纪40年代,在西方近代数学尚未传入中国的条件下,李善兰创立了二次平方根的幂级数展开式，各种三角函数、反三角函数和对数函数的幂级数展开式，这是李善兰也是19世纪中国数学界最重大的成就。

李善兰建立在尖锥术基础上的对数论独具特色，受到中外学者的一致赞誉。伟烈亚力说："李善兰的对数论，使用了具有独创性的一连串方法，达到了如同圣文森特的J.格雷戈里（Gregory，1638—1675）发明双曲线求积法时同样漂亮的结果"，"倘若李善兰生于J.纳皮尔（Napier，1550—1917）、H.布里格斯（Briggs，1556—1631）之时，则只此一端即可名闻于世"（A.Wylie，Chinese researches，1897）。顾观光发觉李善兰求对数的方法比传教士带进来的方法高明、简捷，认为这是洋人"故为委曲繁重之算法以惑人视听"，因而大力表彰"中土李（善兰）、戴（煦）诸公又能入其室而发其藏"，大声疾呼"以告中土之受欺而不悟者"（顾观光《算剩余稿》）。

李善兰的另一杰出数学成就是垛积术，见于《则古昔斋算学》中的《垛积比类》。

在中国数学史上，乘方垛积计算问题相当于求自然数的幂和公式，这在数学史上是一个古老的题目，同时又是通向微积分学最基本和最普遍的公式——幂函数的定积分公式的阶梯。北宋沈括（1031—1095）首创隙积术开垛积研究之先河。元朱世杰《算学启蒙》（1299）、《四元玉鉴》（1303）、清陈世仁（1676—1722）、汪莱（1768—1813）、董祐诚（1791—1823）等人继续研究，有所成就。李善兰集前人之大成，发扬创新，撰《垛积比类》，"所述有表、有图、有法，分条别派，详细言之"，自成体系。得到了被称为"李善兰公式"的重要结果。

我国数学家章用（1911—1939）、华罗庚（1910—1985）和匈牙利数学家图兰·帕尔（Turan Bal）等人都研究和证明过它。

李善兰的第三项重要数学成就是他在1872年发表的《考数根法》，这是我国素数论上最早的一篇论文。所谓数根，就是素数。考数根法，就是判别一个自然数是否为素数的方法。李善兰说，"任取一数，欲辨是数根否，古无法焉"，他"精思既久，得考之法四"，即得到四种方法。

李善兰是中国近代科学的先驱。他在19世纪50年代，与伟烈亚力、艾约瑟、韦廉臣合作，翻译出版了以下关于数学、天文学、力学和植物学的西方科学著作：

《几何原本》（Elements，古希腊欧几里德（Euclid）原著，约公元前300年；英国I. 巴罗（Barrow）英译本，1660）后九卷，与伟烈亚力合译，韩应陛刊本，1857；金陵书局，1865。

《代数学》（Elements of Algebra，英国A. 得摩根（De Morgan）原著，1835）13卷，与伟烈亚力合译，上海墨海书馆，1859。

《代数积拾级》（Elements of Analytical Geometry and of Differential and Integral Calculus，即《解析几何与微积分初步》，美国E. 卢米斯（Loomis）原著，1850）18卷，与伟烈亚力合译，上海墨海书馆，1859。

《谈天》（Outlines of Astronomy，即《天文学纲要》，英国J. 赫歇尔（Herschel）原著，1851；第五版，1858）18卷，与伟烈亚力合译，上海墨海书馆，1859。

《重学》（An Elementary Treatise on Mechanics 即《初等力学》，英国W. 胡威立（Whewell）原著）20卷附《圆锥曲线说》3卷，

与艾约瑟合译,钱氏活字版(仅17卷),1859;金陵书局,1866。

《植物学》(Elements of Botany,即《植物学基础》,英国 J. 林德利(Lindley)原著)8卷,与韦廉臣合译,上海墨海书馆,1858。是我国最早介绍西方近代植物学的译著,内容包括只有在显微镜下才能看到的植物内部组织构造,在实验和观察的基础上所建立的有关植物体各器官组织的生理功能的理论,以植物体本身形态构造特点为依据的科学的植物分类方法等。

李善兰和伟烈亚力在徐光启和利玛窦于1607年翻译出版古希腊数学名著《几何原本》前六卷之后整整250年,"续徐、利二公未完之业"(李善兰《几何原本》序),于1857年翻译出版了《几何原本》后九卷,并在曾国藩的资助下,于1865年刊行了十五卷足本《几何原本》,对清末数学界产生了积极的影响。在翻译过程中,李善兰对其底本"删芜正讹,反复详审","以意匡补",多有发挥。如在卷十第117题中加按语讨论无理数的存在问题,这是中国传统数学中从未有过的。《代数学》和《代微积拾级》则是符号代数学、解析几何学和微积分学第一次被介绍进中国,对高等数学在中国的传播做出了开创性的贡献。

李善兰与伟烈亚力合作翻译《奈端重学》即牛顿的重要著作《自然哲学的数学原理》,只翻译了一部分,没有译完,也没有刊行。

这里应该特别提及的是,在翻译过程中,大量的近代科学名词,其中文译名都没有先例可供参考。本着对后人负责的精神,李善兰仔细琢磨,反复斟酌,十分贴切地创译了一大批科学名词,如代数学中的代数、函数、常数、变数、系数、已知数、未知数、方程式、单项式、多项式等，解析几何学中的原点、轴、圆锥曲线、抛物线、双曲线、渐近线、切线、法线、摆线、蚌线、螺线等，微积分学中的无穷、极限、曲率、歧点、微分、积分等；天文学中的历元、方位、视差、章动、自行、摄动、光行差、月行差、月角差、二均差、蒙气差、星等、变星、双星、三合星、本轮、均轮等；力学中的分力、合力、质点、刚体等；植物学中的植物、细胞、菊科、豆科、蔷薇科、杨柳科、芭蕉科等。一百多年过去了，这些科学名词不仅在我国流传下来，还漂洋过海，东渡日本等国，沿用至今而勿替。

李善兰在19世纪50年代中对西方近代科学中数学、物理、天文、生物等学科的翻译工作，加上19世纪70年代初徐寿对化学、华蘅芳对地学的翻译工作，20年间，近代科学各大门类的先进知识都介绍进了中国，这为中国近代科学的发展奠定了坚实的理论基础，具有不可磨灭的历史意义。

李善兰的科学著译，洋洋大观，如前所述。特别是他的数学著述，"仰承汉唐，荟萃中外，取精用宏，兼综条贯"，"业畴人者，莫不家庋一编，奉为圭臬"（汪煦《听雪轩诗存·序》）。而他的诗文，也颇具特色，有些还集中表现了他的爱国思想和科学精神。

李善兰生性落拓，跌宕不羁，潜心科学，淡于利禄。曾国藩等赏识他，"屡欲列之荐牍，皆力辞"。晚年他虽官居内阁高位，但从来没有离开过同文馆教学岗位，也没有中断过科学研究工作。他自署对联"小学略通书数，大隐不在山林"张贴门上，表明他仍然以在野之隐士自居，而不与贪官污吏者同流合污。

傅兰雅像

读书,著书,译书,教书,这就是李善兰一生的活动。作为中国近代科学的先驱者和传播者,人们将永远纪念他。

2.2 傅兰雅——在中国传播西学的大师

让我们来介绍傅兰雅(J. Fryer, 1839—1928)的情况。傅兰雅,是来自英国的一位传教士。1861年7月从英国到达香港,在英国一所教会学校任校长。1863年,为了进一步学习汉语,他辞去了香港的工作,到北京担任同文馆的英文教习。后来又到上海的一所教会学校任教师。工作之余他还担任《上海新报》的编辑,介绍一些西学。从1868年,傅兰雅到上海江南制造局任译员,这位传教士便以在华推行西方科学知识为主要事业,他1896年离开中国到美国定居,其间28年他为在中国传播西方科学技术呕心沥血。他的主要贡献是:

翻译了大量西方科学著作,一生共译书129种之多,遍及基础科学、应用技术、军事、社会科学各方面,其中也包括力学,当时称为重学。1876年,他创办了中国第一份科学普及杂志《格致汇编》。

1877年,傅兰雅参与创办了中国第一家科技书店,益智书会。1879年,傅兰雅担任益智书会的总编辑。至1890年,该书会编印和审定了98种适合作为教科书的书籍,傅兰雅编写的有《格致须知》、《格致图说》等普及科学技术的教科书42种,其中包括《重学须知》和《力学须知》,这些教科书在中国早期颁行的新学制的学校中影响很大,有许多被新学校采用为教科书。益智书会在中国约近40座城市有代销点，出版和销售的书籍达千余种，数十万册。傅兰雅参与创办中国第一所科学普及学校：格致书院。

1896年，由于妻、子到美国定居，傅兰雅到美国在伯克利大学任东方语言文学教授，1902年任系主任。1913年退休，1928年逝世。即使是在美国工作期间，傅兰雅仍心系中国，多次重访中国，介绍和帮助中国的留美学生。1911年他捐银6万两，建立上海盲童学校，这是中国的第一所正式的盲童学校。1915年，他在美国家中与前来参加博览会的黄炎培带有深情地说："我几十年生活，全靠中国人民养我，我必须想一办法报答中国人民。"他办的盲童学校，并且安排儿子在美国学盲童教育，然后派来中国教学。傅兰雅，这是一位把毕生的精力贡献给中国人民的科学技术事业的西洋人。他就是一位真诚把现代科学技术送上门来的西洋人。

傅兰雅尽管把一生的精力贡献给中国人民的科学技术事业，但是由于中国的传统势力太强，进步太慢。所以也有他的苦恼。甲午战争失败之后，他说："外国的武器，外国的操练，外国的兵舰都已试用过了，可是都没有用处，因为没有现成的、合适的人员来使用它们。这种人是无法用金钱购买的，他们必须先接受训练和进行教育。……不难看出，中国最大的需要，是道德和精神的复兴，智力的复兴次之。只有智力的开发而不伴随道德的或精神的成就，决不能满足中国永久的需要，甚至也不能帮助她从容应付目前的危急。"

傅兰雅的话是他在华30多年的深切体会。其实从明末起到20世纪初的200多年的发展，也体现了这种情况。

2.3 王韬与徐氏父子

王韬像

王韬（1828—1897）我国近代思想家，一生倡导改革，尤其教育改革方面，做出了卓越的贡献。1885年，他接受傅兰雅等人邀请，担任"格致书院"山长，开始了一系列近代中国教育改革的实践。所谓"山长"，大致相当于学校校长一职，负责日常教学安排等事务管理。史料记载1895年康有为到上海开办"强学会"，特意托人介绍拜访王韬，参观格致书院。可见，王韬任格致书院山长至少有十年之久。其间，王韬将提倡多年的教育改革主张落实在教育实践中，为中国近代新式教育的发展立下汗马功劳。

王韬在力学方面的工作，主要是与伟烈亚力合作翻译的一本介绍力学的小册子《重学浅说》，仅14页。大致介绍力学中的动力学、静力学、流体力学、气体力学等内容，然后介绍简单机械，最后总结说明重学与万有引力并说明研究重学的意义。该书1858年出版，1890年曾经重版。

《重学浅说》在介绍重学的意义时说："凡行星之绕日及自转，水与风之动法，皆合重学力之理，而人之造作，亦归重学。凡以力加于实体，乃重学力也。日用之器皆然。人当尽心考察重学之理，此理日明则日精日神妙。若不明重学理，则器不能精，且用之多危险。"这是一本近代中国较全面介绍西方力学的著作。

王韬此外还著有《格致新学》、《泰西著述考》、《光学图说》、《四溟补乘》等。

在翻译和介绍西方科学技术著作方面，还应当提到的是徐寿

（1818—1884）和他的儿子徐建寅（1845—1901）。

徐寿，字雪村，江苏无锡人。幼时家贫，勤奋好学。1867年他与儿子徐建寅一同来到徐寿在江南制局造翻译馆工作。

翻译馆内，左起：徐建寅、华蘅芳、徐寿

徐寿在江南制局造翻译馆共译书16部，大多数是和傅兰雅合作翻译的。他翻译的书大多是化学方面的，如《化学考质》、《化学求数》、《物体遇热改易记》等。这些书在近代化学传入我国方面，起了很大的作用。所以后来人们把徐寿称为是中国近代中国化学的启蒙者。

江南制造局翻译馆的主要人员徐寿和数学家华蘅芳（1833—1902）在到翻译馆之前就致力于科学技术的实践。他们为了探索光学奥秘，将水晶印章磨成三角形来代替难以找到的三棱玻璃，"验得光分七色"；为了验证枪弹运行的轨迹是否呈抛物线，他们设远近靶子，通过实弹射击测试了解弹道抛物线的概况。约在1857年，徐寿和华蘅芳在上海研读了合信（B. Hobson,1816—1873）于1855年写的《博物新编》，对蒸汽机有了初步的了解。1862年，他和徐寿、吴嘉廉、龚芸棠、徐建寅等人在安庆内军械所试制轮船。他们以《博物新编》中的图文等为主要参考资料，由华蘅芳负责"推求动理，测算汽机"，徐寿负责"造器置机"、制造小样。开始时，他们还曾到外国轮船上观察，"心中已得梗概"。经过3个月的努力，终于制成一台缸径 1.7 英寸（43 mm）每分钟 240 转的小蒸汽机，"甚为得法"。于是，着手设计制造轮船。1863 年制出螺旋桨推进的轮船，但"行驶迟钝，不甚得法"。1865 年 3 月终于在南京试制成木质明轮轮船，曾国藩"勘验得实"后，将其命名为"黄鹄"号。该船长 55 尺，重 25 吨，时速 20 余里，蒸汽机为单缸，缸径 1 尺，缸长 2 尺，回转轴、锅炉和烟囱的钢铁是进口的。

徐寿还翻译了工程和医学等方面的著作。如《汽机发轫》《西艺知新》、《法律医学》等。此外，他还撰写了《医学论》、《汽机命名说》、《火药机器》等文章，发表在傅兰雅主编的介绍科学技术的杂志《格致汇编》上。

在与力学有关的翻译著作方面，主要应当提到的是，他和傅兰雅合作翻译的机械方面的著作《机动图说》。这是一本由"美国工艺新闻纸馆"编辑的机械手册。该书收集了传动方面的实用机械 507 幅图，并加以说明。序言中说："内有力学、水学、气学、汽机学、并磨器、压器与钟表等，并一切零器之合于寻常日用者。略以类而列次第，以便制造家与学生及工师匠目所检阅，留心斯道者应用，独出心裁，以制成奇器。"书中所列举的机械，大凡杠杆、滑轮、轮轴、皮带、齿轮、水压机、钟摆、擒纵器、凸轮、连杆、曲轴、棘轮、陀螺、压榨机、螺旋桨、阀门、抽水机等等实用机械，直到 19 世纪后半叶西方所发展的机械，已可谓收罗大全。

徐建寅是徐寿的次子，字仲虎。1867 年入翻译馆，1874 年到天津机器局任职，后相继在山东机器局、福州船政局、驻德使馆、金陵机器局任职。在翻译馆共译书 15 部，著作 3 部。有《化学分原》、《运规约指》、《器象显真》、《汽机新制》、《汽机必以》、《声学》、《电学》等。其中与力学有关的著作《汽机必以》、《声学》影响很大。后面我们要专门介绍。

■3 几部重要的力学译著

3.1 以中文最早系统介绍日心说的著作——《海国图志》与《谈天》

魏源（1794—1857）字默深，湖南邵阳人，1845年进士。鸦片战争时，他参加了浙江前线的抗英活动，对英国有一定了解，并且从英国俘虏的口供中对英国有了更深的了解。因此，根据这些情况写了《英吉利小记》。鸦片战争失败后，接触林则徐。林建议他在所翻译的《四洲志》的基础上编写一部世界地理著作，欣然接受，并于1842年完成了50卷的《海国图志》。后经不断补充，于1850年出60卷本，于1852年扩大为100卷，共88万字。

魏源编撰《海国图志》的目的，他在《海国图志》序言中说的很明了："是书何以作？曰：为以夷攻夷而作，为以夷款夷而作，为师夷之长技以制夷而作。"惟有"师夷之长技"才可"制夷"，"善师四夷者，能制四夷；不善师外夷者，外夷制之。"

在魏源所编的《海国图志》中的第六部分是《地球天文合论》，共五卷，扼要系统介绍了地球形状、运行规律、哥白尼的太阳中心说、日月食理论、彗星理论、空气论、地震论等。明末清初虽有天主教传教士曾向中国引进了一些西方近代天文学的学说和仪器，哥白尼的名字也被少数中国人知晓，但是哥白尼的日心学说一直没有传播开来。《海国图志》是首次将哥白尼的太阳中心论作为自然科学理论系统地介绍给中国的一部书。这在当时的思想文化界产生很大的影响。这种新科学思想对魏源本人的思想也产生重要影响,他开始将天地世界理解为一部巨人的"机器",他说:"天地乃运动之机器。"这表明他已经是一位朴素的唯物主义者了。

《谈天》,伟烈亚力与李善兰合译,于1859年出版。原书是英国著名的天文学家赫歇尔(J. F. W. Herschel,1792—1871)写的一本著名的通俗天文学读物。书中介绍了地球、月亮、行星、彗星的运动,还介绍了恒星、星团(即星云)、天文测量、摄动法以及万有引力等内容。

伟烈亚力(Alexander Wylie,1815—1887),英国传教士,1847年来华,与李善兰、王韬等中国学者合作翻译了许多西方数学、力学和天文学的书籍。他博学多才,除了英文、中文,他还自学了法文、德文、俄文、满文和蒙古文,通晓历史、宗教、哲学、艺术和数学、物理、天文等多门科学知识。在墨海书馆,他除了负责印刷《圣经》等宗教书籍,还编写、翻译了《数学启蒙》《续几何原本》《重学浅说》《代数学》《代微积拾级》《谈天》《中西通书》等多种科学著作,主编了上海第一份中文杂志《六合丛谈》,发起创办了亚洲文会北中国支会,参加了江南制造局翻译馆早期译书工作。他是早期来华传教士中介绍西学最多的人物之一,在中国知识分子中有很大的影响。他于1862年休假回英国,脱离伦敦会,1863年11月,作为大英圣书公会代理人再度来华,到中国各地推销《圣经》。1877年7月8日他因患目疾而回国,1887年2月6日去世。我国《孙子算经》中的"物不知数"问题的解法于1852年是经英国传教士伟烈亚力传到欧洲的，1874年德国人马提生（Matthiessen，1830—1906）指出孙子的解法符合高斯的求解定理。从而在西方数学著作中就将一次同余式组的求解定理称誉为"中国剩余定理"。

李善兰在《谈天》的序言中说："同为行星，何以行法不同？歌白尼（哥白尼）求其故，则知地球与五星皆绕日。……刻白尔（开普勒）求其故，则知五星与月之道，皆为椭圆。其行法面积与时，恒有比例也。然仅知其然而未知其所以然。奈端（牛顿）求其故，则以为皆重学之理也。凡二球环行空中则必共绕其重心。而日之质积甚大，五星与地俱甚微，其重心与日心甚近，故绕重心即绕日也。……恒为椭圆，惟历时等所过面积亦等。……又证以距日立方与周时之平方之比例。"这短短几句话总结了从哥白尼、开普勒到牛顿的工作，介绍了开普勒三定律。

李善兰在《谈天》序言的最后说："余与伟烈军所译《谈天》一书，皆主地动及椭圆立说。"在这里，李善兰明确地表明自己的学术立场是拥护哥白尼和开普勒的。

这本书是中国最早系统地介绍西方天文学的著作。哥白尼的日心说和开普勒三定律就是这部书第一次系统地介绍进来的。它不仅是一本天文学的好书，而且是一本系统介绍有关天体运动的力学问题的好书。

《谈天》在卷八《动理》中介绍牛顿万有引力说："奈端言天空中诸有质物。各点俱互相摄引。其力与质之多少有正比例。而与相距之平方有反比例。凡一体中各点相摄。所受摄力各不等。当推体之形状。法甚繁。而地与月俱为球体。奈端云球体之摄力。与球质俱收聚于心点而发摄力无异。故凡球皆如一点也。地虽非正球。然其差甚微。"这段话简要地介绍了万有引力和把天体简化为质点的概念。

书中在介绍摄动时指出:"设天空只有一行星,则或行星绕日,或日与行星共绕一公重心。其所行之道,必永久不变。设空中又增一体。新体必摄二旧体,令其道生微差。""诸行星之质积,较日皆甚微。最大者为木星,亦仅得一千一百日质积之一。故其摄力,较日亦甚微。""行星道因摄动,不复成椭圆。亦无他曲线可比拟。""但其变积久必著,是又不能不推也。"书中还介绍了地球的岁差,主要是由于地球受太阳与月亮对地球非球形的摄动所产生的进动的结果。这些讨论,已经包含了天体力学中的二体问题、三体问题以及天体演化提法。

上述关于日心说的著作的影响,可以从康有为的作为看出。江南制造局在20世纪晚期翻译出版的"西学"书籍,"30年间售出不逾1.2万册,而康有为购以赠友及自读者达3000余册,为该局售书总数四分之一强。"[①] "他认真研究了哥白尼的'日心说'和牛顿的天体力学。并在1886年写了一部讲天文学的书《诸天讲》。"[②]

3.2 最早以中文介绍牛顿力学的著作——《重学》

《重学》,英国人艾约瑟(Joseph Edkins,1823—1905)和李善兰合译,于1859年出版。原书是英国物理学家胡威立(William Whewell,1794—1866)所著。全书共分20卷,其中第1—7卷为静重学(即静力学),第8—17卷为动重学(即动力学),第18—20卷为流质重学(即流体力学)。这本书较全面系统地介绍了当时西方的力学知识。牛顿三定律是由本书第一次介绍到

---

① 马洪林.康有为大传.沈阳:辽宁人民出版社,1988.40
② 马洪林.康有为大传.沈阳:辽宁人民出版社,1988.41

中国。

艾约瑟（Edkins Joseph，1823—1905），字迪谨，英国传教士，1848年受派来华，9月2日到上海，为伦敦会驻沪代理人。他先是协助麦都思工作，1856年麦离沪回国，他接任监理。1858年3月回国休假，翌年9月携新婚夫人返沪。1860年赴烟台，1861年移居天津，1863年迁北京。1872年在北京与丁韪良发起创办《中西闻见录》。1880年被总税务司赫德聘为海关翻译，先住北京，后迁上海。1905年病逝于上海。他是英国传教士中著名的中国通，著有介绍中国经济、政治、语言、宗教的著作多种。所译著中文著作中，以三卷本的《重学》最有影响。

李善兰在翻译《重学》的序言中说："岁壬子（1852年），余游沪上。将继徐文定公（即徐光启）之业，续译《几何原本》。西士艾君约瑟语余曰：'君知重学乎？'余曰：'何谓重学？'曰：'几何者，度量之学也，重学者，权衡之学也。昔我西国以权衡之学制器，以度量之学考天。今则制器考天皆用重学矣。故重学不可不知也。我西国言重学者，其书充栋。而以胡君威立所著者为善，约而该也。先生亦有意译之乎？'余曰：'诺。'于是朝译几何，暮译重学。阅二年同卒业。"这段话把翻译《重学》的缘起和当时对力学意义的认识，以及翻译的过程，交代得非常清楚。

《重学》译稿完成后，即由金山钱鼎卿付印。钱氏在咸丰十一年（即1859年）于书前有一序言说："艾君约瑟谓，言天学者，必自重学始。因偕海宁李君善兰同译是书。余得而读之。谓：可以补算术之阙文，导步天之先路。而用定质流质为生动之力，以人巧补天工，尤为宇宙有用之学。爱商之同邑顾君观光、南汇张君文虎,祥校而付之梓。书中多以代数立说,中土虽无其术,而西人《代微积拾级》一书,上海已有刊本,且与中法天元大略相似,故不复祥释,读者以意会之可也。抑又闻佛兰西拉白拉瑟(即法国拉普拉斯)著有《天文重学大成》,其立法之奇妙、义蕴之奥衍,当必有进于是书者。李君倘能译而传之,余亦乐为之刊行也。"这里提到拉普拉斯(Pierre Simom Laplace,1749,3,23—1827,3,5)从1799年到1825年,积二十多年写成的五卷共十六册的巨著《天体力学》,希望李善兰能够给以翻译。后来并未见此书的译本出现。

《重学》在第三卷《论七器》中说:"重学之器有七。七器之用,俱能以小力致大重,令动。又能以小力阻大重,令不动。一卷论杆力、重相定之理。所加之能为力,所当之物为重。此卷仍论力、重定于一点之理。相定之理既明,则一边略加力,即令重动矣。欲测阻力之多寡,以等阻力之重为率。七器:一曰杆,二曰轮轴,三曰齿轮,四曰滑车,五曰斜面,六曰劈,七曰螺旋。螺旋、轮轴、齿轮滑车之理与杆同。劈、螺旋之理与斜面同。"这段话综述了静力学归结于讨论平行力与汇交力的平衡。进而七种简单机械归结于杠杆与斜面,因为前者是基于平行力,而后者是基于汇交力的。这里译者把平衡译为"相定"。

《重学》在第八卷《论质体动之理》中,叙述了牛顿运动三定律:

"动理第一例:凡动,无他力加之,则方向必直,迟速必平。无他力加之,则无变方向及变迟速之故也。

"动理第二例:有力加于动物上,动物必生新方向及新速。新方向即力方向,新速与力之大小率比恒同。

"动理第三例：凡抵力正加生动。动力与抵力比例恒同。此抵力对力相等之理也。"这里把作用力译为动力，把反作用力译为抵力。

这是中国出版物中对牛顿三定律的最早的表述。

3.3 中文最早系统的声学著作——《声学》

《声学》，由当时在江南制造局编译馆任职的英国人傅兰雅与徐建寅合译，于1874年出版。该书由英国著名的物理学家丁铎尔（John Tyndall,1820—1893年）所著的《Sound》1869年第二版译出。这本书是第一本中文声学著作，它全面、系统而且文字生动，所以影响中国达数十年之久，是至20世纪初为止还没有被取代的读物。

《声学》全书共8卷（原书9章），讨论了发声传声、成音之理、弦音、钟磬之音、管音、摩荡生音、交音浪与较音、音律相和。用现代的语言说，这些内容就是：声音产生与传播、声音与振动频率和听觉、弦振动、板壳的振动与发声、管乐器、摩擦发声、声的相干与差拍、声音的和谐。它通俗地全面介绍了物体的振动和波的传播。

在《声学》的第一卷中，讨论声速时，介绍了牛顿对声速的计算。指出："英国格致之士奈端云：'冰介空气传声之速每秒九百十六尺。'惟其数但用空算未经实测，故与实测差六分之一。"书中介绍了法国科学家拉不拉司（即拉普拉斯）引进绝热压缩的概念，并说："拉不拉司即以此理算得速数多于奈端之速数六分之一。"这里冰界指摄氏零度。

值得介绍的是，徐建寅的父亲徐寿在翻译的过程中，经常与傅兰雅讨论书中涉及的问题。徐寿是熟悉我国古代的音律学的，在中国古代乐律中，有一种说法，说弦乐器或管乐器的弦或管增长一倍或缩短一半，则所发的声会降低或升高八度。而《声学》在卷五中也说："有底管、无底管生音之动数（即频率），皆与管长有反比例。"这两种说法是相合的。徐寿用铜管做实验，发现只在管长比为4∶9时，所吹出的音才相差八度。

徐寿的这个发现与中国古代和《声学》所述都不同。傅兰雅把徐寿的实验结果写信告诉了《声学》的作者田大里，同时将信的复件寄给了英国的《自然》杂志。《自然》杂志请人答复，说徐寿的结果是正确的。《自然》杂志还以《声学在中国》为题发表了傅兰雅来信，同时加了按语说："我们看到，一个古老的定律的现代的科学修正，已由中国人独立解决了，而且是用那么简单的原始的器材证明的。"①

3.4 一部集应用力学与汽机基础大成的著作——《汽机必以》

《汽机必以》（Acatechism of the Steam Engine, in Its Vartious Applications）原书为英国普尔奈（John A. Bourne）著，1865年在伦敦出版，傅兰雅译，徐建寅述，共12卷，外加卷首1卷和附卷1卷。这本书是徐建寅在江南制造局翻译馆时翻译的，徐建寅是在1874年离开翻译局的，可见当在1874年以前出书。

这是一本为从事与汽机有关工作的工程技术人员写的理论、技术、应用综合性的著作。书中涉及丰富的力学知识。特别是有关材料力学、流体力学、热力学、机构学等方面的知识。例如书中介绍了：地心引力、摆、摆心、离心力、金属的强度、各种金

---

① 王冰. 明清时期物理学译著考. 中国科技史料，1986，7(5)

属的许用应力、材料的疲劳、摩擦力、流体阻力、功率和马力、各种船舶需用功率的计算、潜热、热功当量、热效率等等。这里我们引述几段书中的内容：

在介绍钢和铜的强度极限时说："上等铸钢与泡面钢之牵力断界，每横剖面一方寸得十三万磅。密铁与此略同。比诸熟铁为二倍余。汽机轴衬之炮铜，每横剖面一方寸牵力断界为三万六千磅。手搥打之红铜，每横剖面一方寸牵力断界为三万三千磅。模铸之红铜，每横剖面一方寸牵力断界为一万九千磅。"这里"牵力断界"即"拉伸强度"所用的单位为英制。

在介绍许用应力时说："金类所作汽机之动件，大半用熟铁，常以每横剖面一方寸不过四千磅为稳界。生铁则不可过此数之半。然汽车锅炉每横剖面一方寸间有过六千磅者，已入险道矣。"这里"稳界"即许用应力。

在介绍金属的疲劳现象时，书中说："曾试生铁条，以凸轮使弯，至恰断之弯之半，未过九百次即断。又以凸轮使弯至恰断之三分之一，能至十万次而未断。"这里正是介绍的一种金属杆的疲劳试验。

书中对热功当量和能量守恒的介绍说："力热相配之理，为数年之内格致家深考而得之要事。盖热能生力，力能生热。二物相磨所生之热，等于相磨之力。如物重一磅，自七百七十二尺之高坠下，或七百七十二磅自一尺之高坠下，以此坠下所生之力变为磨力而生热，必能使一磅之水加热一度。设汽机无縻热，即无縻力。而全热所现之力，尽变为磨力，则磨力所生之全热，必等锅炉内所烧之全热。"这里"磨力"即摩擦所作之功，"縻力"和"縻热"为热和功的散失。

■ 4 现代理工科教育的开始

光绪二十九年(1903),清政府规定在小学设理化课;高等学堂分政艺两科,艺科所设课程中有力学、物性、声学、热学、光学、电学和磁学等物理学的内容。

19世纪末洋务派在机械、造船等方面开始向西方学习。一方面派出留学生,至1875年共向美国派出120名幼童,1881年几乎全部召回,使他们的学业大部半途而废;至1911年共向欧洲派出了107名,1909年又向欧美派出23名留学生学习飞机与潜水艇。

另一方面,在中国开始筹办新式学校。1895年(光绪二十一年)胡燏棻在《变法自强疏》中强调开办新式学校向西方学习。他说:"泰西各邦,人才辈出,其大本大源,全在广设学堂。商有学堂,则操奇计赢之术日娴。工有学堂,则创造利用之智日辟。……声、光、化、电有学堂,则新理新物日出而不穷。"他还援引日本向西方学习为例说:"日本一弹丸小国耳,自明治维新以来,力行西法,亦仅30余年,而其工作之巧,出产之多,矿政、邮政、商政之兴旺,国家岁入租赋共约8000余万元,此以西法致富之明效也。"

于是,在天津的北洋西学堂和在北京的京师大学堂开始筹办。1901年清廷下诏,一是永远停开武举,二是重开经济特科,第三是要求"各省所有书院于省城均改设大学堂,各府及直隶州均设中学堂,各州县均改设小学堂,并多设蒙养学堂。"此后各地纷纷成立新式学校。一批西人和教会开办的学校已如前述,本节只简要叙述由政府出面开办的三所大学:北洋西学堂、京师大学堂和山西大学。

4.1 中国第一所由政府筹办的大学——北洋大学

天津海关道盛宣怀于1895年，呈请直隶总督王文韶转奏清政府，要求在原博文书院校舍，开办"北洋大学堂"，得到光绪皇帝的批准(原文是奉旨："依议"。即依照所议定的方法办理)。

丁家立像

1895年盛宣怀在天津创办了中西学堂（又称北洋西学堂）聘美国传教士丁家立（Tenney Charles Daniel，1857—1930）任总教习。丁担任总教习直到1906年。丁家立以美国的哈佛、耶鲁大学为蓝本，聘美国人任教，设采矿、冶金、机械、土木等科，学制为4年，毕业生皆可直接进入美国著名大学的研究院。这所学堂后来在1902年改名为北洋大学，1952年后改名为天津大学。它是我国最早的按照西方模式建立的工科大学。

1896年在河北创办山海关北洋铁路官学堂，1905年迁唐山改名为唐山路矿学堂，下设铁路工程、机械、矿业三科。以后曾用唐山工业专门学校、唐山大学、唐山交通大学、国立唐山工学院，1949年与北京铁道管理学院合并称中国交通大学，1952年改名唐山铁道学院，1971年迁成都称西南交通大学。

4.2 全面向西方学习方针的产物——京师大学堂

1896年6月，刑部左侍郎李端棻在给清廷的《请推广学校折》中，第一次正式提议设立"京师大学"。他建议"自京师以及各省、府、州、县皆设学堂"。李端棻这个奏折，据说出于梁启超的手笔。一八九八年初，随着变法维新运动日益发展，康有为在《应诏统筹全局折》中再次提"自京师立大学，各省立高等中学，府县立中小学及专门学"，并建议于内廷设"学校局"专管此事。

1898年按照光绪皇帝6月11日发布的《明定国是诏书》在北京成立京师大学堂，正式推行戊戌变法。一八九八年七月四日，光绪帝正式下令，批准设立京师大学堂。命令中说："京师大学堂为各行省之倡，必须规模宏远，始足以隆观听而育人才。"同时，命孙家鼐为管理大学堂事务大臣。

1898年8月9日，管学大臣孙家鼐在一份报告京师立大学筹办工作的奏折中，说："丁韪良在中国日久，亟望中国振兴，情愿照从前同文馆每月五百金之数，充大学堂西学总教习。"光绪皇帝当天就批复了孙家鼐的奏折，下谕"……至派充西学总教习丁韪良，据孙家鼐面奏请加鼓励，著赏给二品顶戴，以示殊荣"。就这样，任命了这位来自美国北长老会的传教士为京师立大学的首任总教习。

丁韪良像

丁韪良主持编译的京师大学堂的教材有三套：其一是清同治七年（1868年）同文馆刻本《格物测算》，其二是清光绪十五年（1889年）同文馆铅印本《增订格物入门》，还有清光绪二十五年（1899年）京师大学堂铅印本《重增格物入门》。丁韪良在《重增格物入门》的序言中称，编写这套书用了两年的时间，而且一直使用了30年都没有被淘汰，甚至还曾经有幸得到光绪皇帝的御览。

《格物测算》共计8册。包括物理、化学等理科学科的内容。用丁韪良的话来说，这套书的编写方法是"既根本旧说又参考新法，于英、美、法三国名家各有心得，每遇欣赏恒录其术，集腋成裘而成百家通法"。丁韪良认为，中国的国民教育上千年来都只限于文学、伦理和政治的内容，在自然科学上远

《重订格致入门》的力学卷

远落后于西方，说："即使是中国最高级的学者对于石头为什么会落地的问题也不会比牛顿以前的欧洲人知道得多。"所以他在《格物测算》的自序中，就特别强调理科对人类的重要性，他说："尝思人生在世，初为倮虫，无以蔽体，无以护身，实不如鸟兽之有羽毛以御寒，有爪牙以自卫。然人秉性聪慧，能明物理。以此而为万物之灵。万物皆供其需也，土则给衣食，金则作器用，水火风以驾舟车，即雷电亦招致而役使之。是，五行之力，尽在掌握焉。凡此莫不从格物而来。"

《格物测算》全书采用问答的形式讲授。这是一种在西方传统的科学著作中常用的问答体。例如，在介绍牛顿三定律时说：

问："奈端力学三纲何也？"

答："物之静，非力不动；物之动，非力不止；一也。物之受力者，每力均有功效，二也。凡用力必有抵力，与之相等，三也。"

《格物测算》共8卷，前三卷为《力学》，后五卷分别是《水

学》、《气学》、《火学》、《光学》、《电学》。力学卷一有六章,"论物之动静"、"论重质相吸之力"、"论物之重心"等;卷二有六章,"论力之分合"、"论火器"、"论物之摆动"等;卷三有七章,"论杠杆"、"论斜面"、"论梁木之力"等。在使用的这3套教材中,力学只有在这套教材才占了如此大的比重。丁韪良说:"是书自力学始,因所算多在物力,且力学之理通行万物,故不但以力学为先,亦力学较为祥备,是以演为三卷";"是书之力学即重学也,盖重学无非力学之一端,而力学实重学之根源也"作为物理学的基础,力学得到丁韪良这般高度的重视,因为对于首次接触西方科学的中国学生来说,打好力学基础的重要性是不言而喻。

这套教材的另一个特色是把数学和自然科学紧密地结合了起来。丁韪良是这样来说明的:"盖格物与算学互为表里,独知算学而不及格物,则虚而无凭;习格物而不明算学则狭而不广,二者相辅而行方能钩深致远。……欲阅是书宜通晓算学,因书中皆用算学诸理以推物力,意在用算而不在讲算也。除几何,形学,勾股,代数常用外,其微分、积分亦恒有不得已而借用者。"

《增订格物入门》铅印本是在《格物测算》的基础上改编而成的。共分《力学》、《水学》、《气学》、《火学》、《电学》、《化学》、《测算举偶》七卷。和《格物测算》相比,力学由三卷压缩为一卷。分为上章"论力推原"和下章"论器助力"。

1889年出版《增订格物入门》时,得到了清政府总理衙门的很高重视。这本书前面有高级官员们所写的序言。最前面是大学士和钦差大臣李鸿章的序言,他说:"西人毕生致力于象纬器数之微,志无旁骛。其论形上之理虽与汉宋诸儒不同,若谓其于形下之学,一无当于圣人格物之旨,固不可也。"对于该书的编著者丁韪良，推崇说：

"丁总教习冠西（丁韪良），远方之杰，掌教都门同文馆，能读经史百家之书。今治格物之学，以入门命其书，其犹界说之微旨欤。"

作序的还有：户部右侍郎、同文馆管理事务大臣徐用仪、桐城派著名的代表人董恂和徐继畬。这些人受"洋务运动"的影响，对西学持开放的心态，对同文馆总教习丁韪良的学识十分赞赏，因此对这本教材也充满了信心。如徐继畬在序言中对丁韪良倡导"实学"表示了赞赏，他说：

"冠西学问渊博，无所不通。著有格物入门一书，属余为序，余受而读之，皆闻所未闻。且一一可见之实事，与他人之驰骛元虚其语，卒不可究诘者，盖盘然矣。"

总理衙门大臣和同文馆管理事务大臣董恂对丁韪良的学识评价道：

"冠西博闻强记，来中国久，能华言通者，综所学西学之水学、气学、火学、电学、力学、化学、算学，历著之华文，里质其词构为问答说所未喻。豁之、图承、口讲、手画，洵明白而易晓学者。余此玩索，而有得焉。亡论示汉宋学何等，其要则内而析理，外而利用，非空言也，乡也。观于泮澥绐之事，盖其浅焉者已。"

从内容上看，这三套教材具有传承更新和不断改进的亲缘关系。通过它们对京师同文馆和大学堂的西学教育，特别对当时的力学教育有一个了解。①

---

① 参阅李春晓，《西学火炬薪火相传——从〈格物测算〉等三套理科教材看同文馆和京师大学堂的科学教育》。

1858年，丁韪良早年曾经作为汉语翻译，协助美国公使列卫廉和公使馆头等参赞卫三畏与清朝的全权大使桂良和花沙纳签订了不平等的中美《天津条约》。1900年，驻京外国使馆被义和团围攻和焚烧后，他对义和团和清廷作过激烈的抨击，甚至以清廷二品官和京师大学堂总教习的身份，竟要求八国联军废黜清王朝，放逐和惩办西太后。由于这些政治方面的原因他在传播西方科学技术方面的业绩，后来在有关的史料中很少给以公平的评价。

京师大学堂是戊戌变法的产物，1898年戊戌变法失败，主张变法的主要人物遭到杀害或通缉，京师大学堂是戊戌变法建议的各项举措中唯一留下来的成果。原来专管翻译西方书籍与培养翻译人才的同文馆于1902年并入京师大学堂。1912年改名北京大学，它是一所文理科为主的大学。

1896年，盛宣怀建议各省都设立新学堂。1902年7月，《钦定大学堂章程》颁布。它规定大学专门分科分为政治、文学、格致、农业、工艺、商务、医术七科，其中格致科又分为天文学、地质学、高等算学、化学、物理学、动植物学；预备科课程的艺科中也包括算学、物理学、化学、动植物学、地质矿产学等；速成科仕学馆招收的学生均为已经当官的学生，大学堂为他们所设的课程也包括算学和物理学。其中物理学包括力学、声学浅说、热学、光学浅说、电气、磁气浅说；算学包括平面几何、立体几何代数等。它统一规定必修课程，如规定机械系必须学23门课程：算学、力学、应用力学、热机学、机器学、水力学、水力机、机器制造学、蒸汽机及热力学、机器几何及机器力学等，这些课程大部分与力学有关。不难看出，这个时期大学堂所设课程中的天文学、算学、化学、物理学和力学等最基础，而又最重要的课程在同文馆和戊戌年大学堂的理科教材中都是讲授的重点。它们不仅仅在中国广泛地传播了理科的知识，也为后来大学堂的教学起到了一个基础示范作用。

4.3 开省办大学先河的山西大学

英人李提摩太，在中国山东、山西、上海等地传教达20余年，是有名的"中国通"。英帝国主义以所谓"庚子赔款"，勒索山西人民白银50万两，李提摩太作为英方接受赔款的代表，于光绪二十七年三月二十六日由上海赴京，经与英美等国公使协商，并和耶稣教各会代表叶守真、文阿德共同拟定《上李傅相办理山西教案章程七条》面交李鸿章。其中第三条提出："共罚山西全省白银五十万两，每年交银五万两，以十年为期。但此款不归西人，亦不归教民，专门开导晋省人民知识，设立学堂，教育有用之学，使官绅庶子学习，不再受惑。选中西有学问者各一人总管其事。"李鸿章照准后电令山西巡抚岑春煊迅速办理。

在与李提摩太商谈设立中西大学堂的同时，山西遵照清政府各省设大学堂的上谕，于光绪二十八年（1902年）初，奏准在原令德堂的基础上创办了山西大学堂。委派山西候补道姚文栋为山西大学堂首任督办，高燮曾为总教习，谷如墉为副教习，选文瀛湖南贡院为临时校址，接收令德堂和晋阳书院的师生，筹备开学。

山西大学堂的学科设置，基本上是根据《钦定学堂章程》和《奏定学堂章程》新的规定逐步完善和建立起来的。初办时，中、西两斋招收学生各200名，每人每月发给白银四两，但在教学内容和教学方法上，却有较大差别，充分体现了中学和西学的不同。中学专斋所上课程有经、史、政、艺四科。谷如墉讲《战国策》，高燮曾讲《近思录》，贾耕讲《禹贡》，田应璜讲《明史》，成年增讲算学。1904年，中斋又增设了英文、日文、法文、俄文、代数、几何、物理、化学、博物、历史、地理、国文、图画、音乐和体操。西学专斋所上课程有：文学、物理、工学、矿学、格致、法律、西洋史、世界史、体操、数学、英文、图画。中斋教习张友桐编写的《中国通史》，内容充实；傅岳芬编写的《西洋史讲义》简明扼要；西斋格致博士和化学教习新常富编写的《无机化学讲义》译成中文后，颇受欢迎。这些书风行一时，销路很广，对开展中外文化交流，促进我国文化教育事业的发展，传播西方先进的科学技术知识和资产阶级民主主义思想，都有较大的作用。毕业考试仍然沿用科举形式，分别给以贡生、举人、进士等出身资格的奖励，这些都反映了半封建、半殖民地教育的实质。山西大学堂先后毕业学生500人，派遣学生10人出国留学。

■ 5 小结

晚清在近代力学的传播上，虽然产生了若干重要的译著、出现了一些杰出的翻译家、少数人进行过有益的探索、一些学校开始教授力学知识，但是却有它天生的弱点。

第一，所有的有关力学的译著仅限于普及型的著作，对于西方奠基性的力学研究的经典著作，不但没有翻译，甚至没有比较深入的介绍。例如，牛顿的《自然哲学的数学原理》、拉普拉斯的《天体力学》、拉格朗日的《分析力学》、亥姆霍兹的《论力的守恒》，纳维和圣维南的《力学在结构和机械方面的应用》等重要著作。

第二，由于官方所组织的洋务运动，是基于要"师夷之长技以制夷"，而又认为"中国一切皆胜西人，所不如者兵而已。"①所以大部分人只是看到设厂、买炮而已，对于西方的力学与科学仍然没有认识。清末一位洋务热心人胡燏棻在《上变法自强条陈疏》中说到这种情形："各省设立造船政枪炮子药等局，不下数十处，向外洋购置机器物件，不下千百万金；而于制造本原并未领略。"而且由于即使这种设厂、买炮的变法最后也遭到失败，这种情形在清亡之前，没有明显变化。所以清末的力学传播，是以为使人们能够理解洋枪洋炮来服务的。力学和近代自然科学还没有取得独立生存和发展的地位。

第三，由于以上的原因，科学的追求始终只是极少数人的事。一直没有形成大众所关心的群众性的事业。

总之，中国还缺少一个全民的科学启蒙运动。而这个运动只有到1919年的"五四运动"才开始启动。

---

① 郑鹤声，郑鹤春. 中国文献学概要. 上海：商务印书馆，1933. 166~171

第三章
民国时期
现代力学在我国的
传播与发展

> 西洋人因为拥护德赛两先生，闹出多少事，流了多少血，德赛两先生才渐渐从黑暗中把他们救出，引到光明世界。我们现在认定只有这两位先生，可以救治中国政治上、道德上、学术上、思想上一切的黑暗。若因为拥护这两位先生，一切政府的压迫，社会的攻击笑骂，就是断头流血，都不推辞。
>
> 陈独秀

1 新文化运动和科学

1.1 严复与陈独秀

严复像

在提倡科学和民主的运动中,首先应当提到的是两位伟大的思想家:严复和陈独秀。

严复(1854—1921)福建侯官(今福州)人,字子陵、几道。1866年以第一名考入马尾船政学堂,5年后以最佳成绩毕业后上军舰实习。1877年作为首批海军留学生入英国皇家海军学院学习。在学习海军专业期间,对英国的社会文化有深入了解,1879年学成归国。先后在福州船政学堂、北洋水师学堂任教习。后从事翻译西方重要学术著作,并发表主张变革图强的文章。

严复影响很大的翻译著作有:介绍进化论的《天演论》(1898年出版)、西方经济学著作《原富》(1902年出版)、社会学著作《群学肆言》(1903年出版)、阐述自由思想的著作《群己权界论》(1903年出版)、有关政治学说史的著作《社会通诠》(1904年出版)、逻辑学著作《穆勒名学》(1905年出版)、三权分立的奠基性理论著作《法意》(1909年出版)等。严复1911年被任命为北京大学校长。

他在1895年著的《论世变之亟》中写道:"中国最重三纲,而西人首明平等;中国亲亲,而西人尚贤;中国以孝治天下,而西人以公治天下;中国尊主,而西人隆民;中国贵一道而同风,而西人喜党居而世处;中国多忌讳,而西人重高度评。其财用也,中国重节流，而西人重开源；中国追淳朴，而西人求欢虞。其接物也，中国美谦屈，而西人多发舒；中国尚节文，而西人乐简易。其于学也，中国夸多，而西人尊新知。其于祸灾也，中国委天数，而西人之恃人力。"严复总结中西文化的最大不同之处在于"中之人好古而忽今，西之人力今以胜古"。

严复说西学的精髓是"以自由为体，以民主为用"①。从1894年到1896年，严复从事翻译英国自然科学家赫胥黎(T. H. Huxley,1825—1895)的《进化论与伦理学》(严复翻译的书名为《天演论》)一书，在序言中他说："夫西学之最为切实而执其例可以御蕃变者，名、数、质、力四者之学是已。"严复这里"名"是指逻辑学、"数"是指数学、"质"是指化学，而"力"是指力学。从这句话中，我们可以体味出严复对于力学学科在整个西方学术中的重要地位的评价。严复的这些认识，已经包含了后来在"五四运动"前后提出的民主和科学的原始思想了。严复留学英国的主要任务是学习海军的，他以业余而能够抓住东方社会与西方的主要区别，并且能够领悟到中国要变革图强，必须吸收西方的精髓。而这些精髓，就是科学与民主。在科学上，就是"名数质力四者之学"。为此，他所翻译的西方著作，也可以说是这些方面西学的精髓。

值得一提的是，严复的翻译是他自己直接从西文领悟后翻译的。在他以前，中国人翻译西书，主要是由外国人口授，中国人笔录，与其说是中国人翻译，不如说是西人传授。因此，可以说，严复是中国人真正从原著学习西学的第一人。在他翻译的许多书籍中，不仅有译文，而且还附有大量的注记，阐述他对原文的体会与发挥。

① 严复. 严复集 第1册. 北京：中华书局，1986.17

陈独秀像

陈独秀（1879—1942），安徽怀宁人。原名乾生，字仲甫，号实庵。出生在安徽省怀宁县（今安庆市）一家书香门第。他十七岁考中第一名秀才；十九岁考入杭州求是书院（浙江大学前身），学习法文和造船。因有反对满清朝廷的言论被追捕，他逃往南京，与南京陆军师范学堂学习的章士钊等人结识。陈独秀就开始了他"做学问——搞革命——逃亡（或坐牢）"(他先后曾六次被捕)的学者兼革命家的生涯。

陈独秀1901年时去日本留学，半年后回国组织反清宣传；不久又遭通缉，于是逃往日本。他先后参加创办《国民日报》、《安徽俗话报》，参加蔡元培领导的革命团体"光复会"。1906年，陈独秀第三次去日本，学习英语，并于1908回国。1914年，他四去日本在早稻田大学学习经济学，并与当时在日本的李大钊结识。

1915年陈独秀自日本回国后创办的《青年杂志》(从第2卷起改名为《新青年》)。1917年陈独秀被蔡元培任命为北京大学的文科学长。该杂志也随之移往北京编辑。由于这本杂志在中国率先提倡民主、科学，提倡白话文。《新青年》成为新文化运动的旗帜。作为杂志主编的陈独秀，自然地成为新文化运动和后来的"五四运动"的伟大旗手。陈独秀说："西洋人因为拥护德赛两先生，闹出多少事，流了多少血，德赛两先生才渐渐从黑暗中把他们救出，引到光明世界。我们现在认定只有这两位先生，可以救治中国政治上、道德上、学术上、思想上一切的黑暗。若因为拥护这两位先生，一切政府的压迫，社会的攻击笑骂，就是断头流

血,都不推辞。"(1919年1月15日,原载《新青年》)

科学是什么,科学是人类认识自然的民主精神,它反对认识自然上的任何武断和专制。科学所采用的民主方法和手段,不是以多数人的个人意愿来决定是非,而是用"摆事实,讲道理"的方式来决定是非。所谓摆事实,就是靠观察和实验来揭示事实,一个与观察或实验不符合的理论就可以被否定。而所谓讲道理,就是靠逻辑推理,包括数学推演和计算来由已被验证了的理论得到新的结果,一个与已被验证了的理论在逻辑上产生矛盾的理论也可以被推翻。任何人和任何集团都可以用这两种手段为科学认识添加新的结果,也可以用这两种手段推翻和否定已有的理论。所以科学与民主是不可分割的孪生姊妹。

所以民主和科学思想的提倡,实际上是在为现代科学的传播开辟道路。

1.2 中国科学社和《科学》杂志

1914年10月25日,正在美国康奈尔大学的中国留学生任鸿隽、胡适、赵元任、杨铨、秉志等人发起组织中国科学社,宗旨是"提倡科学,鼓吹实业,审定名词,传播知识",由任鸿隽任社长。他们还创办了

中国科学社第一届董事会合影
(1915年10月25日)
秉志、任鸿隽、胡明复
赵元任、周仁

《科学》杂志。《科学》发刊词开头的一段文字："世界强国,其民权国力之发展,必与其学术思想之进步为平行线。"后来于1918年中国科学社迁回国内,1928年,中国科学社定址在上海。1915年任鸿隽在《科学》创刊号上发表题为《说中国无科学的原因》的文章。

任鸿隽(1886—1961),四川人,化学家和教育家。自幼在家馆学习八股,1904年,在他8岁时到重庆府参加考试,在一万多名童生中考取了第3名秀才。不过他很快脱离旧的科举制度,而沿着新教育制度学习。辛亥革命后到美国求学,任鸿隽在留学期间对比中西差距,认识到中国最缺"科学",由此在留学生中发起"科学救国"运动。1916年在美国康奈尔大学获学士学位,1918年初在哥伦比亚大学获硕士学位。任鸿隽虽不是在某一专门学科领域内的"大家"权威,但在民国早期推动普及科学精神和科学知识方面却起了核心作用。

他发表了许多文章论述科学的重要性。早在1916年任鸿隽就提出了"科学为近世西方文化之本源"的观点:"自十七世纪培根、笛卡儿、加里雷倭(即伽利略)、牛顿降世以后,实验之学盛,而科学之基立。承学之士,奋其慧智,旁搜博讨,继长而增高,遂令繁衍之事物,蔚为有条理之学术。其施于实用,则为近世工商业上之发明。及于行事,则为晚今社会改革之原动。影响于人心,则思想为之易其趋。变化乎物质,则生命为之易其趣。故谓科学为近世西方文化之本源,非过语也。"[①]他还说:"自科学发明以来,世界上人的思想、习惯、行为、动作,皆起

---

① 任鸿隽.科学救国之梦——任鸿隽文存.樊洪业,张久村编.上海:上海科技教育出版社,上海科学技术出版社,2002.68

了一个大革命，生了一个大进步。"①

赵元任（1892—1982年）祖籍江苏常州，出生于天津。1910年留学美国，先后在康奈尔大学和哈佛大学学习，获物理学学士和哲学博士学位。留学期间旁攻作曲、钢琴和和声，并已开始音乐创作。此后，执教于哈佛大学和清华大学等校。1929年，任中央研究院历史语言研究所语言组主任。1938年赴美国讲学，后入美国籍，先后任教于夏威夷大学、耶鲁大学、哈佛大学等校，并担任过美国语言学会和东方学会会长。赵元任最初学数学，以后从事哲学，物理学，语言学，对天文学也有浓厚兴趣，在摄影，地质学，心理学，音乐，戏剧方面也有研究。他是一位多才的学者。

中国科学社的社员发展很快，1914年只有35名，到1919年已发展到435名。中国科学社开展了许多科学活动，在它影响下相继成立了各种科学技术的分科学会，对推动中国科学事业的发展起了很大的作用。它所创办的《科学》月刊，在宣传普及自然科学技术知识方面，起了很突出的作用。

1.3 李约瑟难题与科学人生观的论战

李约瑟（Joseph Needham，1900—1995），英国著名的生物化学家，1937年开始接触到三位中国留学生。之后对中国的科学技术问题发生浓厚的兴趣，于1943年来华，担任中英科学合作馆的馆

李约瑟像

---

① 任鸿隽.科学救国之梦——任鸿隽文存.樊洪业，张久村编.上海：上海科技教育出版社，上海科学技术出版社，2002. 192

长，跟中国的科学界、思想界一些学者进行了广泛的接触，两者互动，对中国有了更深入的了解。之后把全部精力贡献给研究中国的科学技术。积数十年的努力完成《中国科学技术史》六卷。现在人们说的李约瑟难题是在他的巨著《中国科学技术史》的开卷语中说的："大约在1938年，我开始酝酿写一部系统、客观、权威性的专著，以论述中国文化区的科学史、科学思想史、技术史和医学史。当时我注意到的重要问题是，为什么现代科学只在欧洲文明中发展，而没有在中国或印度的文明中成长。随着时光的流逝，随着我终于开始对中国的科学和社会有所了解，我逐渐认识到至少还有另外一个问题是同样重要的，那就是，为什么在公元1世纪到公元15世纪期间，中国文明在获取自然知识，并将其应用于人的实际需要方面，要比西方文明有成效得多？"这就是说，"尽管中国古代对人类科技发展做出了很多重要贡献，但为什么科学和工业革命没有在近代的中国发生？"英国著名学者李约瑟博士提出的这一问题被称为李约瑟难题。国际著名的美国经济学家肯尼思·博尔丁（Kenneth E. Boulding, 1910—1993, 1949年获经济学克拉克奖）1976年最早把这个问题称为"李约瑟难题"。《中国科学技术史》共分七大卷三十多个分册，人们期望，李约瑟会在第七卷中对李约瑟难题给出自己的回答。然而，这位95岁的老人，没有等到完成自己的巨作的最后一卷，即第七卷，就溘然长逝了。

其实，在李约瑟提出这个问题之前，中国学者早已以不同的提法来讨论这个问题。可以说这个问题从清末，特别是民国以来，中国知识分子讨论最多的论题之一。例如，1915年，任鸿隽在《科学》杂志上发表了《说中国之无科学的原因》。他将"无科学"归因于中国人没有使用归纳法。1920年,梁启超在《清代学术概论》中提出,把中国自然科学不发达,归因于沿袭日久的"德成而上,艺成而下"的观念,还由于缺少学校、学会、报馆之类的建制,阻碍科学发明的交流。1922年,化学家王琎在《科学》杂志上发表《中国之科学思想》的文章,也认为是由于"吾国学者之不知归纳法"。同年,在美国哥伦比亚大学求学的冯友兰,在《为什么中国没有科学——对中国哲学的历史及其后果的一种解释》一文中,提出中国没有自然科学的原因,不能完全归之于地理、气候、经济等因素,而主要应由中国人的价值观和中国人的哲学入手去加以探讨的观点。他认为,传统思想,重人伦实用,而不寻找认识外部世界的确定性;只寻求对人的治理,而不寻求对自然的征服,这是中国没有产生出近代科学的主要原因。之后,在20世纪三四十年代,中国还有大批科学家卷入了这一论题的讨论。总之,见仁见智,不一而足。这个论题的讨论,一直延续到20世纪末。

1923年,中国学术界发生了一场科学与人生观大论战。张君劢于1923年2月在清华学校作题为《人生观》的讲演,他说:"科学无论如何发达,而人生观问题的解决,决非科学所能为力"。地质学家丁文江立即撰文《玄学与科学》反击:"玄学是科学的死对头!"这场论战时间持续一年多,卷入者有二三十人,参战文章计有二十多万字。[①]

这场论战的背景是,在"五四"前后提倡民主和科学的呼声日益高涨的同时,反民主反科学的逆流也一直存在。在对待科学的态度上,当时掀起了一股尊孔复古逆流,全国各地出现

---

① 朱耀垠著.科学人生观论战及其回声.上海:上海科技文献出版社,1999.118

了不少迷信团体，兴起种种封建迷信活动。这就是胡适所说的："这遍地的乩坛道院,这遍地的神仙鬼照相……只有求神问卜的人生观,只有《安士全书》的人生观,只有《太上感应篇》的人生观……正苦科学的提倡不够,正苦科学的教育不发达,正苦科学的势力还不能扫除那弥漫全国的乌烟瘴气"。[①]论战所指,胡适当年就已宣告："我们的真正敌人不是对方；我们的真正敌人是'成见',是'不思想'。我们向旧思想、旧信仰作战,其实只是很诚恳地请求旧思想和旧信仰势力之下的朋友们起来向'成见'和'不思想'作战。"即论战的敌人是反科学,而不是哲学上的玄学。

参加论战的人,按所阐述的观点可以大致分为以下三派,即玄学派：认为科学不是万能的,科学与人生观是两回事,科学不能解决人生观问题。这一派以张君劢、梁漱溟、林宰平、张东荪、王平陵等为代表；科学方法万能派：认为科学能够解决人生观问题,并且认为自然科学方法万能。这一派以胡适、丁文江、唐钺、王星拱、吴稚晖等为代表。科学能力万能论派：认为科学是无所不能的。不仅对待自然科学要用科学方法,更要把人文科学纳入科学的范畴。持这一派观点的以陈独秀、瞿秋白为代表。

所有这些对中国科学的讨论、对科学人生观的争论,对张扬科学、宣传科学都起到了很好的作用。它们为以后科学技术在中国的传播和发展准备了思想基础。随后1917年王舜成、陈峥嵘等发起组织了"中华农学会"(中国农学会的前身)；1922年丁文江等发起组织了"中国地质学会"；1932年中国物理学会成立,第

[①] 胡适.《科学人生观》序.上海：亚东图书馆,1923.7

一任会长为李书华。1929年，由冯祖荀和张贻惠（物理学家）发起成立了中国数理学会；其成立宣言称："……深知欲促中国科学进步，非从事提倡基本科学不可。故由南北各大学数学及物理学界同仁发起中国数理学会，一面联络全国数理学家，一面从事于新学说之传播与探讨。"此后，得到许多数学家的响应。由上海的胡敦复、朱公瑾和顾澄等发起和筹备，中国数学会终于1935年在上海成立，1935年中国数学会成立大会在上海召开，共有33名代表出席。

1927年，赵宗焕、李秀峰、郑集等人发起成立中华自然科学社，成立于南京。出版《科学世界》杂志（月刊），是后来中国科学技术协会的发起单位之一。1945年竺可桢、李四光、潘菽、金善宝、曾昭抡等111人发起在重庆成立中国科学工作者协会，出版《科学工作者》杂志（月刊），也是后来中国科学技术协会的发起单位之一。

经蔡元培等建议，1928年中央研究院在南京成立，同年11月在上海建立了物理研究所，丁燮林担任所长，开展物理学的研究工作。中央研究院是中国最早官办的研究单位，在后来20年的发展中，中央研究院先后建立了13个研究所，含自然科学和人文科学学科。任鸿隽等早期成立的中国科学社，设想将来发展成科学研究机构，并且以英国皇家研究院为蓝本，是想走民办科学研究的道路。中央研究院的成立，说明在中国民办科学研究的路子走不通。中央研究院于1935年设评议会，1948年实行院士制，首次当选的院士有81名，分数理、生物、人文三组。第一批院士中有茅以升、翁文灏、李四光、许宝騄、姜立夫、华罗庚等名家。其中1949年中央研究院部分研究机构迁往台湾地区，重新组成台湾"中央研究院"。留在大陆的研究所,同北平研究院和其他研究机构合并,成立了中国科学院。

■2 中华工程师学会

在上一节,我们介绍了民国后中国早期提倡科学与科学组织的情形。力学一方面是一门科学,所以提倡科学与科学组织客观上也为力学的传播创造了有利的条件。另一方面。力学又是和工程密不可分的学科,所以中国工程建设和工程界的情况,也在一定程度上反映了力学学科和工程结合的情况。所以在这一节我们要介绍民国期间我国工程界的情形。

2.1 詹天佑与中华工程师学会

1912年1月,詹天佑在广州发起成立"中华工程学会",以后颜德庆等人在上海发起成立"中华工学会",徐文炯等人在上海成立了铁路"路工同人共济会"。三会宗旨相似,不久三会合并成立了"中华工程师会",詹天佑任会长,学会设在汉口,有会员148人。1914年改名为"中华工程师学会",并迁址于北京。

詹天佑像

詹天佑(1861—1919),字眷诚,祖籍江西婺源,出生于广东南海县。1872年,年仅12岁的詹天佑到香港报考清政府筹办的"幼童出洋预习班",到美国就读。1878年以优异的成绩毕业于纽海文(New Haven)的希尔豪斯(Hillhouse)中学。同年五月考入耶鲁大学土木工程系,专攻铁路工程。在大学期间,曾获数学第一名奖金，又以优异成绩毕业，名列前茅。他的毕业论文的题目是《码头起重机研究》詹天佑是在同时派出国的120名幼童中，仅获得学位的两人中的一人。

詹天佑归国后，于1881年被派往福州船政学堂重新学习驾驶。一年后被派到扬威舰上实习。之后先后在福州船政学堂、广东博学馆、广东水师学堂供职。直到1888年才转到铁道部门工作。以后一直在铁路部门工作，并且为我国的铁路建设做出了不朽的业绩。

詹天佑承担的第一项工程是，天津到山海关的津榆铁路修到滦河，要造一座横跨滦河的铁路桥。滦河恰遇水涨急流。铁桥开始由英国工程师设计，后请日本工程师，最后请德国工程师设计，都先后失败了。詹天佑建议由中国人自己来搞，负责工程的英国工程师，只得同意由詹天佑来设计。詹天佑总结了三个外国工程师失败的原因后，仔细研究滦河河床的地质构造，反复比较，最后才确定桥墩的合理位置。并且大胆决定采用新施工方法——"压气沉箱法"。滦河大桥最后果然建成了。

1905年，清政府决定兴建京张铁路（北京至张家口）。英俄都想插手，詹天佑毫不犹豫地接下了这个艰巨的任务，全权负责京张铁路的修筑。外国报刊挖苦说："中国能够修筑这条铁路的工程师还在娘胎里没出世呢！中国人想不靠外国人自己修铁路，就算不是梦想，至少也得五十年。"他们认为詹天佑担任总办兼总工程师是"狂妄自大"、"不自量力"。詹天佑顶着压力，坚持不任用一个外国工程师，并表示："中国地大物博，而于一路之工必须借重外人，我以为耻！""中国已经醒过来了，中国人要用自己的工程师和自己的钱来建筑铁路。"

在施工最困难的阶段,八达岭、青龙桥一段,需要开四条隧道,其中最长的隧道有一千多米。詹天佑经过精确测量计算,决定采取分段施工:从山的南北两端同时对凿,并在山的中段开一口大井,在井中再向南北两端对凿。这样既保证了施工质量,又加快了工程进度。

为了减少隧道,保证火车安全爬上八达岭的高程,詹天佑创造性地在山多坡陡的青龙桥地段设计了一段人字形线路,从而降低了坡度。列车开到这里,用两台大马力机车,一拉一推,保证列车安全上坡。

詹天佑对全线工程曾提出"花钱少,质量好,完工快"三项要求。京张铁路经过工人们坚持奋斗,终于在1909年9月全线通车。原计划六年完成,结果只用了四年就提前完工,工程费用只及外国人估价的五分之一。

从1912年"中华工程学会"成立起,詹天佑连续被选为该会的会长。

2.2 其他工程学会的建立

1917年,20余位留美学者和工程技术人员在美国康奈尔大学成立"中国工程学会",以后迁往纽约。有会员84人,其中机械学科11人。数年后迁回国内,在上海建会。1923年有会员350余人,1928年分为机械等5个学组,1930年会员增至1500余人。

1931年,"中华工程师学会"和"中国工程学会"合并,成立"中国工程师学会",并确定1932年1月1日为创始日,会址设在南京。还决定以中国古代治水专家大禹的诞辰6月6日为"中国工程师节"。有50余个地方分会,会员2 169人。出版有《工程》杂志等学术刊物。有15个专门学会,其中包括中国机械工程学会。

1928年李仪祉、李书田等酝酿组织中国水利工程师协会,希望借助成立学术组织,推动水利建设。后因时局变动,未果。1930年导淮委员会举行导淮计划讨论会,国内水利专家齐集南京,李书田再次提议组织中国水利工程师协会,又没能成功。到了1931年,李书田(耕砚)、孙辅世(裴忱)等到南京,与张自立(若岩)、须恺(君梯)、陈懋解(凤之)等再次相商,集议组织中国水利工程学会经过两次筹备会议,4月22日终于在南京导淮委员会举行成立大会。会上议定会章、推定董事、选任职员。公推李仪祉为会长,李书田为副会长,张自立为总干事,茅以升、陈懋解、沈百先、张含英、须恺、孙辅世为董事。中国水利学会的前身——中国水利工程学会宣告诞生。

中国土木工程师学会于1936年在杭州成立,与中国工程师学会组成联合执行部,每年共同举办学术年会。

1935年10月10日,刘仙洲、王季绪、杨毅、李辑祥、庄前鼎、顾毓泉和王士倬等人联名发函,在机械工程界征求成立中国机械工程学会的发起人。1936年5月21日,76名发起人集合于杭州国立浙江大学文理学院,借中国工程师学会召开年会之机,召开中国机械工程学会成立大会。黄伯樵任大会主席,中国工程师学会会长曾养甫等人列席会议。筹委会委员庄前鼎作报告。通过了会章;选举黄伯樵为会长,庄前鼎为副会长,柴志明等9人为董事。1936年中国机械工程学会开始出版会刊《机械工程》(季刊),杨毅为首任总编辑,有编辑30人,创刊号在北京印刷。

■3 与力学有关的研究所和高等学校与力学有关的系科的建立

3.1 民国早期的研究所、数学、物理与工程系科

在第二章，我们介绍了直到1903年之前，官办的大学一共只有北洋大学、京师大学堂、山西大学三所。其后陆续开办了不少大学和高等师范学校。进入民国，京师大学堂改名为北京大学。而以前的高等师范学校大多改为大学，1920年前后，南京、广东、武昌、成都、沈阳等地的高等师范学校分别改建国立东南、广东、武汉、四川、东北大学。唯北京高等师范学校改名为北京师范大学。清华学校原为培养留美出国人员的预备学校，1924年决定成立大学，至1928年改建为国立清华大学，由外交部移至教育部管辖。这一时期，是早期中国大学的黄金时代。

北洋大学，在创办之始设立头等学堂（大学本科）、二等学堂（预科），学制各为四年，共八年，以培养专门人才。同时，资送头等学堂毕业生出国留学也是学堂创办计划中的重要组成部分。创办之时，头等学堂设专门学（即科系）四门：工程学、矿务学、机器学、律例学，1897年（光绪二十三年）学堂增设铁路专科，1898年（光绪二十四年）又设铁路学堂。1903年（光绪二十九年）北洋大学堂开学复课时，分设法律、土木工程、采矿冶金三个学门，后应外交需要附设法文班、俄文班，1907年（光绪三十三年）开办师范科。在北洋大学之后开办的大学，大多数都设有工程系科。

1913年北京大学建立理科，相当于理学

夏元瑮像

院，物理系和数学系同时成立，这是中国最早的物理和数学系科，夏元瑮由德国回国任北京大学理科学长。

1928年，浙江大学文理学院成立，开设物理学门，1929年改称物理学系。张绍忠担任系主任。山西大学1936年9月理学院正式开办了物理系。

山东大学物理系始建于1930年，是山东大学最早的院系之一，我国著名教育家束星北、王淦昌、丁西林和郭贻诚先生等曾在物理系任教、从事研究工作和领导工作。

20世纪早期，新成立的新式大学主要课程是聘请外籍教师讲授。在20年代以后，教师的大部分虽然为留学归国的中国人，但教材却一般使用外文的。如1936年清华大学机械系中18名教师中只有一名外国人，但所使用的教材全是外文的。所以中文的理工科教材就很少，更不要说力学教材了。

理工科大学早期传授力学的教师可以从北京大学的夏元瑮（1884—1944）说起。夏系杭州人，1905年赴美在伯克利学校学习理化实验。1909年他赴德国柏林大学，曾就学于普朗克，也认识在那里执教的爱因斯坦，1913年因无经费而回国。1919年他二度赴德，于1921年回国。1922年商务印书馆出版了他翻译的爱因斯坦的著作《相对论浅释》是中国出版的解释相对论的最早的著作。夏元瑮青年时代受西方自由平等影响，积极推行废除封建礼教的改革，父子相处亦平等称呼。据马叙伦《石屋续沈》中回忆夏元瑮："其在公学也，作书与穗丈（夏元瑮父），径称穗卿仁兄大人，穗丈得之莞尔，即复书元瑮，称浮筠仁兄大人，浮筠，元

何育杰像

璟字也。"

北京大学物理系与夏元瑮同时的教授还有何育杰（1882—1939）浙江宁波人。1898年入宁波中西储才学堂，以优异的成绩于1901年被荐入京师大学堂。

1903年，京师大学堂决定派16人赴西洋留学，何育杰是其中之一。1904年初，何育杰启程赴英，入英国维多利亚大学学习语言，一年后转曼彻斯特大学，就学于英国物理学家S. A. 舒斯特（Schuster）门下。1907年5月，E. 卢瑟福（Rutherford）从加拿大回到英国，任曼彻斯特大学物理学教授并主持实验室工作。何育杰是第一个听卢瑟福讲演的中国学生。1907年何育杰获学士学位后，曾游历德、法诸国，1909年回国。回国后，何育杰任京师大学堂格致科教习。辛亥革命后，京师大学堂改为北京大学，格致科改为理科，"教习"之称从此改为教授。何育杰任北京大学理科本科物理学教授。1913年，北京大学理科招收数学、理论物理、化学各一班学生。何育杰主编物理学教科书，编写教授要目，讲授普通物理、原能论（又称原量论，即量子论）、数学物理学、电学、热力学、气体动力论等课程。

何育杰于1918年1月物理学教授会第一次会议上被选为物理学教授会主任，在理科学长夏元瑮领导下主持物理学本科教学和研究工作。1919年4月北京大学废学长制，设文理科教务处，由各学科教授会主任组成，并公推一人为教务长，执行议决事务并召集会议，与此同时设系，系正式成为一级行政机构，各系教授会主任负责处理有关本系的事务。这是我国大学中最早的物理系，何育杰再次当选为主任。

1927年初，何育杰因体弱多病，辞去北京大学教授职，回故里疗养。半年后,其门生、东北大学理工学院院长孙国封多次请他任教,他又出任东北大学物理系主任。一时间,望其名者咸趋东北大学。在该大学期间,何育杰主讲相对论和量子力学。这两门课程,在当时被视为艰深学科。何育杰收集资料,编写讲义,用力甚多,讲课时深入浅出,善于启发引导。为了便于学生学习德、英两种文字,他将德文《波动力学通论》译成英文,给学生提供了多种文字的物理学参考书。

1931梅贻琦出任清华大学校长,梅比较重视理工科的建设。1934年清华大学决定筹办清华大学航空工程研究所,于1936年开办,从属于机械系。顾毓琇担任首任研究所所长。抗日战争爆发后随学校内迁至昆明西南联大。这个研究所于1936年开始在王仕倬主持下,并得到美国著名力学家冯·卡门的学生瓦滕多夫(F. Wattendorf)的协助,设计建造风洞。后来在昆明西南联大建造了一座实验段口径为5英尺的低速小风洞。在昆明期间他们进行过空气动力学、高空气象、结构与材料、直升机与滑翔机的设计制造研究,共有研究报告108篇,其中有4篇在国外发表。该研究所后来并入航空工程系,在1952年全国院系调整时航空工程系归并入北京航空学院。

1928年,南京国民政府工商部筹办中央工业试验所,于1930年在南京成立。其中机械组成立了一个材料试验室,该室于1934年春从瑞士购买了一台Amsler 25吨万能材料试验机与若干件其他仪器。他们先后收集国产或进口金属和木柴进行比较试验、公布试验结果、编制材料试验方法与标准。

1939年7月7日中国在成都成立了航空委员会航空研究所,下设器材、飞机和空气动力三个组。1941年8月扩大并改名为航空研究院。并且聘请英国学者李约瑟与留美教授钱学森为"委托研究员"名誉职称。

3.2 力学课程的普遍开设

自从在高等学校有了工程学科、有了物理系和数学系，工程力学、材料力学和有关的力学课程，必然是这些专业和系科的基础课。随着这些系科在我国高等学校大量创立，力学课的教学工作量也就不断增长。

到1931年商务印书馆出版了郑太朴翻译的牛顿名著《自然哲学的数学原理》。大约同时，商务印书馆还出版了几本力学教科书。如1928年由国立中央大学出版1933年又由商务印书馆出版的陆鸿志著的《材料强度学》、1933年出版的徐骥著的《应用力学》、1945年由西北农学院出版的孟昭礼著的《超稳结构应力分析之基本原理》（上、下册）等。

在蔡元培的大力倡导下，1932年，商务印书馆决定编辑出版一套《大学丛书》，以供国内大学教学使用。商务印书馆请蔡元培主持，邀集国内各大学及学术机关代表共五十六人组成《大学丛书》编辑委员会，制订出版计划，分请专家编辑各院各系用书，而且每部书稿都必须经编委会有关专家审定，从而保证了出版的教材具有较高的学术水准。到1936年，出版了200余种，到1954年共出版369种。其中在力学方面的著作有刘仙洲著的《机械原理》（1946年出版）、严济慈翻译的《理论力学纲要》（1947年出版）、陆志鸿的《工程力学》（1937年出版）、张含英著的《水力学》（1936年出版）等。

起先，这些系科的基础课是由外国人教授的，例如清末的北洋大学的全部专业课是由洋人教授的。而同文馆和京师大学堂的力学课与力学讲义是由美国人丁韪良来讲授与编写的，同时，李善兰也曾经教授过一个时期的重学。辛亥革命之后，早期的力学研究都是附属于工程需要与工科教学，没有独立的力学研究课题。而且从事工程技术的人才，都是辛亥革命之后第一批派出的留学生，回国后成为各种现代工业与工科大学的专业骨干。

工科，例如北洋大学依据1913年颁布的《大学规程》，对各学门的课程进行了调整、充实。工科各学门第一、二学年开设的公共课有：英文、第二外语、国文、高等数学、高等物理、高等化学、测量学、工程图画、应用力学、材料力学、水力学，物理、化学实验及测量实习、军事训练等。在第二、三、四学年又分别开设的专业课程，如土木工学门设有：材料学及材料强弱实验、热机关学、电气工程学、物理地质学、工程地质学、测地学、钢骨混凝土学及设计、地图地形和经纬线的各种绘图法、透视画、砌工学、机械学原理及设计、机械工场实习、水力机械学及实验、房屋结构学、铁道曲线和土方工程学、铁道结构学及设计、铁道工程学、电气铁道工程学、道路工程学、水利工程学、卫生工程学、桥梁工程及设计、冶金制器学、工程法制、工程经济学等。可见，其中力学课程或与力学有关的课程占有一个相当大的比例。

理科，以北京大学为例，1934年秋，曾任哈佛大学数学系主任的美国著名数学家奥斯古德（W. F. Osgood, 1864—1943）来华，被聘任为北大数学系教授。这位当时蜚声国际数学界的大师在系内开设了复变函数、实变函数、力学等课程，先后由许宝騄、孙树本充任其助教。经多年探索，1937年7月北大公布了研究院招生办法,规定理科研究所算学部的考试科目为:解析学、几何学、代数学、力学、外国语,准备开展正规的研究生教育。

1926年姜立夫去厦门大学后,南开大学钱宝琮是算学系唯一的教授,他在1926—1927学年讲授了初等微积分、高等微积分、微分方程、整数论和初等力学五门课。据陈省身先生回忆说1926年他在南开大学数学系读一年级说:"一年级的生活,在我是很舒服的。微积分、力学两课,只要做些习题。"就是说,数学系要以力学为一门基础课。

至于说到物理系则更不待言了。1922年,饶毓泰自美回国,当时物理学门已于1918年改为物理学系了,饶任理学院院长兼物理系主任,物理系的第一学年的必修课中除外语之外,开普通物理和微积分,第二学年开现代物理、理论力学及高等微积分。

罗忠忱像

作为工程学科的重要基础课的力学教学的众多教师中,我们要着重介绍唐山铁道学院的**罗忠忱**(1880—1972)教授。罗早年就学于北洋大学,后到美国康奈尔大学土木系进修于1910年毕业,1912年回国后一直在唐山铁道学院任教。他先后主讲过应用力学、材料力学、水力学、天文学和海工程等重要课程。他在我国的工程学科的教学中,最早系统地以美国和西方的先进教育思想,比较重视工程师的力学基础教育,同时在教学中以严格要求学生和理论严谨著称。罗除在数十年如一日的力学教学工作之外,还曾任过土木系主任、工学院长、校长等组织工作。唐山大学的学生当时能中外著名,和罗忠忱所贯彻的这种教育思想是分不开的。他的学生、美国加州大学林同骅教授说,罗师"对基本力学的深刻了解为全世界所少有,故在讲授力学问题时能从多方面解析,使学生易于了解,大有力学大师铁木辛柯之风"(按:铁木辛柯,指 Timoshenko S. P., 1878—1972,美籍俄裔力学家。曾在俄、南斯拉夫、美等国大学任教)。另一学生、清华大学教授黄万里说,自己"曾在学19年,承恩中外师长不啻百人,然于教诲恳切,授法精湛,任职认真,……,盖未有出吾师之右者"。

3.3 翻译家和数学家郑太朴

郑太朴(1901—1949)又名松堂,是一位知名的自学成材的学者。1901年出生于上海。天资聪颖,家贫好学。十余岁进商务印书馆当学徒。他利用商务印书馆的文化条件,发奋自学,研究数理、外语、史学等,成绩惊人,为蔡元培赏识,提名由商务印书馆出资送德国留学。1922年在德国哥丁根大学研究数理,兼及其他自然科学和社会科学。1924年在柏林他与朱德、邓演达相识。孙中山采纳了"联俄联共,扶助农工"的三大政策,设国民党海外支部,他任驻欧总支执委,后又任共产党留德直属组书记。1926年返国参加北伐战争,担任国立中山大学校委会常委。

1927年蒋介石叛变革命后,他参加邓演达的第三党,任组织部长。1931年邓演达被蒋介石捕杀,他也被捕,被判死刑,监押在南京狱中待决。淞沪战争爆发后,蒋介石宣布下野。他经孙夫人营救获释。但他的健康已大受影响。自此脱离政治活动,专心从事教育和著作。先后担任中山大学、同济大学、交通大学等校教授,他的学生中有数学家吴文俊。

郑太朴致力教学与研究后,积极投入科学技术著作的写作与翻译，仅商务印书馆出版的数理学书籍就有二十余种。其中牛顿所著的《自然哲学的数学原理》一书是他首次全部翻译成中文并在 1931 年出版的。

1946 年民建在重庆成立时，经黄炎培同志动员，他参加了民建组织。复员返沪后，民建总会理监事联席会议增选他为常务理事。同时他与郭沫若、马寅初、许涤新等二十四位知名人士发起组织全国学术工作者协会，又参加上海各大学教授联谊会，从事民主运动。他在参加民建早期活动中，对民建前进方向起过积极作用；尤其在反对伪国大期间，帮助澄清了会内出现的一些混乱思想。同志们都很敬重他。1947 年 7 月，国民党指使国立大学解聘反蒋教授，郑太朴由马寅初推荐，到中华工商专科学校任教兼分部主任。1948 年中共发表"五一"号召，他参加民建秘密举行的理监事会，积极拥护党的号召。

1949 年初，他接受共产党邀请，决定去解放区。经他新婚才两个月的夫人王雪莹博士筹划、支持，以及民建临干会同志的具体安排，1 月 18 日秘密化装乘轮去港。由于他平素生活艰苦，健康较差，临行时已有不太舒适的感觉，但他意志坚决，毅然登轮离沪。不幸轮船到港埠，登梯上甲板时猝然晕倒，抢救不及，当场亡故。

■ 4 物性方面的研究

在民国以后，中国最早的一批留学欧美的学生，大部分是学工科的，只有很少的一部分学习理科。其中有些攻读物理的，并且从事气体或固体的力学性质研究，并且做出了很好成果的当数研究气体黏性系数的颜任光和研究金属内耗的葛庭燧。

4.1 颜任光对气体黏性系数的研究

颜任光（1888—1968），又名颜嘉禄，字耀秋。物理学家、教育家。在测定气体离子的迁移率方面做了独到的研究，对几种气体的粘滞系数的绝对值做出了精确的测定。对北京大学物理系的教学和实验室的

颜任光像

建设做出了重要贡献，和丁佐成共同创办了我国第一个制造现代科学仪器的大华公司。

颜任光在美国芝加哥大学攻读博士，于1918年获得博士学位，后在该校从事教学和研究工作。1920年秋回国后，历任北京大学物理系教授、系主任，北京大学仪器委员会委员长。1922年2月被校长聘为物理系仪器部主任，还曾多次担任仪器委员会委员。大约从1917年开始，北京大学理科已有物理实验课，本科一、二、三年级均有实验，每周为3小时。颜任光和丁燮林先后领导物理系和物理预科后，特别注重实验室的建设。因此北京大学物理系的教学质量有了较大提高，也赢得了人们对该系的重视。20年代初，教育界有"南胡北颜"之称，南胡指东南大学的胡刚复教授，表明他在中国物理学领域中影响和所建立的功勋。1920年年底，北京大学出访德国的夏元瑮教授来信告知，爱因斯坦有意要访问中国。为了迎接爱因斯坦到北京大学讲学，使北京大学师生对相对论基本知识有所了解，颜任光从1921年1月起，在北京大学作了关于相对论的系统演讲，报告了"相对论的起源"、"爱因斯坦的相对论"、"相对论的发

展"等内容。在他的带领下，许多教授争先作有关相对论的报告，或撰文刊载于报纸、杂志。一时间掀起了一种学习相对论的热潮。后来爱因斯坦因故并未如愿到北京大学访问，人们却从北京大学教授们的讲演中获得了有关知识，对相对论有了深刻印象。

1924—1925年，颜任光休假出国访问一年，曾在英国剑桥大学卡文迪许实验室参观学习，当时著名的物理学家 E.卢瑟福（Rutherford）正在该实验室从事 γ 粒子轰击氮核实验。这次出国，使他最为感慨的是："巧妇难为无米之炊"，中国太缺少科学研究的仪器设备了！手中不掌握任何仪器的物理学家，再好的科学见解也未必能付诸实现。回国后，颜任光毅然放弃北京大学教授职位，和物理学家丁佐成（又名佐臣）共同创办了中国第一个现代科学仪器工厂——上海大华科学仪器公司。从此，中国有了自己生产的物理仪器、仪表。

1932年，中国物理学会在北京成立。颜任光作为特邀代表，从上海赶到北京与会。在成立会上，他被选为中国物理学会第一届董事会董事（中国物理学会成立最初几年，设董事会），以后又曾任理事。他热心支持并赞助物理学事业，在物理学界留下极深的印象。在离开北京大学转入工业界后，颜任光一直关心教育事业的发展。在上海，他不仅兼任海南大学（海南岛）校长，还曾任上海光华大学物理系主任、理学院院长和副校长。30年代中期，一度出任交通部电政司司长、建设委员会委员、资源委员会委员等职。抗日战争期间，他主办桂林无线电器材厂。50到60年代，历任上海大华科学仪器公司研究室主任、工程师，华东工业部电器工业局电表制造指导，上海电表厂副厂长兼总工程师。"文化大革命"中他遭受迫害，1968年在上海愤懑而卒。

在颜任光之前，最精确的气体粘滞系数测定法是利用气体通过毛细管流动的所谓"流逸法"。鉴于毛细管的孔径、大小和形状的无规则性，以及在其末端易产生涡流，因此，流逸法最准确的测定值也只是相对值。颜任光开创了气体粘滞系数绝对值新的测定方法。他选择这一课题的起因是，在密立根开创油滴法测定电荷之后，测定电荷的精确度就仅仅决定于油滴在气体中下落的粘滞系数的绝对值。因而，对气体粘滞系数绝对值的测定就成了当时一项紧迫的研究课题。

颜任光所采用的方法是：让外圆筒以恒定角速度 ω 绕另一个用扭力悬丝悬挂的内圆筒旋转。从理论上推得的粘滞系数应当由内外圆筒的几何尺寸以及外圆筒的偏角 θ 所决定。在实验中，颜任光利用了密立根设计并改进的恒偏转装置，还改进了测量偏转角 θ 的方法，显著地提高了精确度。使实验的结果误差不超过千分之一。颜任光测定了氢气、氧气和氮气的粘滞系数，修正了当时通用的物理化学用表中已被公认的粘滞系数表。①

颜任光在《民国十四年北京大学毕业同学录》中对物理系毕业同学的《临别赠言》是：

"诸位，我希望你们把我在课堂里所对你们讲过的都忘记了，这是我对于你们的'临别赠言'。

这句话你们初听见一定觉得稀奇；但若是你们再想一想，就觉得应当讲而且对于你们更是应当讲的。旁的东西我不能判定，

---

① 据戴念祖的介绍文字。

但是我所给你们讲过的东西,除了对于你们各个人自己的兴味以外,是一点用处都没有的。试看看我们现下所处的环境,是用得着这种知识吗?将来你们若是要参与选举被选举,你们的毕业文凭就够而有余了——旁的学校的文凭已经够了,何况你们最高学府的毕业文凭?若是你们想做'文人',你们只要识得几千字,平均每月写几千字,在纸上印出来,叫人家看了你们的'文'记得你们的'名'——看见太多不能不记——你们就自然而然以文名于世了。若是你们想做'学者',你们只要多记几个名词——我讲的是外国名词没有用处——若是记不得,就自己凑出几个,并且能够厚着面皮来'非人之是,是人之非'——或者看看风向来'是人之是,非人之非'——多写几篇,人家不懂,自己也不懂的文章就行了。想做大教授呢?头一个条件是会摆空大架子。架子摆好然后把旁人都用的教科书带上讲台去念,不然就东抄西抄编成几十页讲义来念,遇学生发疑问的时候,要能够发挥几分钟长的高妙议论,使他听完以后完全忘记了他所问的是什么东西。你们各个人都能做到这样子程度,那你们都成大教授了。你们看看,你们不论想做什么,都用不着你们在课堂上听见过的东西,那还记他有何用处?

你们若是要问我。既然没有用处为什么要讲?我就叫你们去问问那街上卖馒头的,他整天在街上叫'大馒头啊'有什么用处。我想他一定回答你们为的是有人要买,至于馒头有没有用处他可不管。我也是这样的答你们。我讲是因为你们来听——试试不来听看看我讲不讲——至于你们有没有用处我可管不着。我是专门家不是神圣的教育家。你们要听我所专的我就讲给你们听。你们应当不应当听这种东西或者这种东西于你们有没有用处你们去问办教育的。因为他们不懂得这种东西所以他们知道他的用处比我详细。我是街上的卖馒头的不是挂慈善招牌的。你们来买我就卖给你们。什么东西可以充饥你们可冒充几穷人去问那善心的老爷太太们,他一定给你们合适的东西。所以问题并不是我为什么讲是你们为什么要听。也许你们已先解决这个问题然后来听我讲。若是这样,很诚恳的希望你们都达到你们欲达到的目的。

中华民国十四年四月廿四号"

这篇对毕业生的临别赠言字里行间,充满了对当时自然科学的心酸,也充满了对当时社会各种弊端的不满和讽刺,颜任光的遭遇和心情也是在那时代归国学者的一个缩影。

4.2 葛庭燧对金属内耗的研究

葛庭燧(1913—2000),山东人,1937年毕业于清华大学物理系,1938年入燕京大学研究院兼任助教,1940年获燕京大学硕士学位。1941年赴美在加利福尼亚(贝克莱)大学攻读博士学位,于1943年获哲学博士。后曾到芝加哥大学作研究员。葛庭燧1949年回国,先后在清华大学、中国科学院应用物理研究所、金属物理研究所工作。

葛庭燧在1946年芝加哥大学研究所发表论文《金属中的晶粒间界具有粘滞性的实验证据》,推进了关于金属内耗的研究,他首创用低频扭摆来测量金属的内耗。在实验中,葛庭燧发现晶粒间界的内耗峰,并且证明金属的各种粘滞量,内耗、模量松弛、常应力之下的蠕变、在常应变之下的应力松弛等,其间存在关系并可以相互换算。葛庭燧在金属内耗方面的研究工作,在国际上影响很大被誉为金属内耗方面基础性的工作。

■ 5 固体力学与结构力学方面的研究

5.1 茅以升、蔡方荫、凌鸿勋与现代结构工程

在国内讲授与固体力学有关的力学课的中国人，大概以茅以升为较早的了。**茅以升**（1896—1991）中学毕业后，先考入唐山工业专门学校土木系。1916年毕业后，由唐山路矿以第一名的成绩被清华学堂官费保送留美，成为研究生，9月起程到美国康奈尔大学报到。

茅以升像

谁知该校注册处主任绮色佳说："中国唐山这个学校从来没有听说过，必须经过考试，合格后才能注册"。经过考试后，茅以升的成绩极佳，便给他注册为桥梁专业研究生。从此以后，唐山路矿学堂毕业生，保送到美国康奈尔大学作研究生的，特许不再经过考试这一关了。茅以升于1917年获美康奈尔大学研究院专业硕士学位，1919年获美国卡内基-梅隆理工学院工学博士学位。博士论文题为《桥梁力学二次应力》，这篇论文，在当时具有世界水平，因而荣获卡内基理工学院颁发的金质奖。1919年12月24岁的茅以升回国，在交通大学唐山校任教授。曾讲授与结构力学有关的力学课程。在土力学方面，他回国后经常与国际土力学及基础工程学会的创始人太沙基教授通信讨论学术问题。1938—1941年间，他在唐山工学院开课讲授土力学，是我国第一个讲授土力学课的人。茅以升说："回顾我的读书生活，这14年的努力，好比造桥，为我一生事业建造了坚实的桥墩。"

1933年至1937年，茅以升任钱塘江大桥工程处处长，主持修建我国第一座公路铁路兼用的现代化大桥——"钱塘江大桥"。他采用"射水法"、"沉箱法"、"浮远法"等，解决了建桥中的一个个技术难题。从此，茅以升的足迹遍布大江南北，他的名字和新建的大桥一起留在祖国各地。经过5年的努力，茅以升终于将现代化的钱塘江大桥建成。当记者采访茅以升时，他说："自1919年12月，我归国为社会服务，在64年的征程中，我所做的工作最引人注目的就是主持建造钱塘江大桥工程。"

茅以升学成回国后，先后任唐山工业专门学校教授，南京东南大学工科教授兼主任，河海工科大学校长，天津北洋工学院院长兼教授，江苏省水利局局长，交通部中国桥梁公司总经理兼总工程师，北方中国交通大学校长、铁道科学院院长等职。1984年当选为中国科学技术学会副主席。1955年他当选为中国科学院院士。

蔡方荫（1901—1963），出生于江西南昌。土木建筑结构学家。1955年被选聘为中国科学院学部委员(院士)。他于1925年以优异的成绩在清华学堂土木科毕业。同年，公费留学美国，在马萨诸塞州理工学院学习研究建筑工程和土木工程。1928年获土木工程硕士学位，并成为美国土木工程师学会通讯会员。1928—1930年在美国纽约某联合设计事务所任结构设计师。1930年回国，主要从事教学工作，并兼从事工程设计。1930—1931年在东北大学任教授，1931—1939年在清华大学任教授。1938—1940年，在西南联合大学任教授、土木系主任。1940—1949年任国立中正

蔡方荫像

大学工学院院长兼土木系主任。1949—1951年任江西省人民政府委员兼文教委员会委员、南昌大学工学院院长等职。1951—1953年在重工业部兵工局任总工程师。1953—1956年在第二机械工业部任职。1956—1963年任建筑工程部建筑科学研究院副院长兼总工程师、《土木工程学报》主编等职。

在结构力学方面,对在变截面钢构分析和桁架钢构分析,总结了国内外常用的各种"力矩一次分配法"和以"杆端力矩"和"结点角变"为计算对象的两类方法,发展提出了更简化实用的"力矩一次分配法"。对横梁为桁架的刚构分析,采用了简便而实用的"柱顶力矩作用"和"桁架跨变影响"两项准则,简化计算,能获得与"最小功法"和"冗力法"同样精确的结果。1946年蔡方荫编著出版了中国第一部结构力学教科书——《普通结构学》(上、中、下三册),46万多字,附图607幅,大表26个,是当时国内结构学方面的巨著,也是国内各大学土木系惟一的一本中文结构学教材。在土木、建筑结构的研究领域,还先后发表了《钣梁之理论与分析》、《装配或楔形杆铰接框架》等专著和论文40余篇。《变截面刚构分析》获中国科学院1956年自然科学三等奖。

凌鸿勋(1894—1981),中国铁路工程专家,教育家。字竹铭。1894年4月15日生于广州市,1981年8月15日卒于台湾省台北市。1910年考取上海高等实业学堂(上海交通大学前身)的粤省官费生,1915年毕业于土木工程科。毕业后,被选送到美国桥梁公司实习,并在哥伦比亚大学选读。1918年回国。回国后

凌鸿勋像

在上海交通大学的前身实业学堂教授工程力学。是我国在南方较早教授工程力学的教师之一。

1920年在上海高等实业学堂暂代校长职务。1921—1922年，参加京汉铁路黄河新桥设计及国有铁路建筑规范的制订。1923年回上海高等实业学堂任教，次年任校长。建立了工业研究所，首创国内大学附设研究所的范例。

凌鸿勋1929年离开学校，任陇海铁路工程局长，兼任粤汉铁路株韶段工程局长，并任总工程师。株韶段在他主持下，工期比原定4年提前1年。获中国工程师学会的金质奖章。他1936年任粤汉铁路管理局长，1939年任天成铁路工程局长，1941年兼任西北公路管理局长，1942年任宝天铁路工程局长，主持修建了宝天铁路，于1945年通车。1945—1949年任交通部常务次长。他是我国近代铁路交通的奠基者之一。

凌鸿勋1950年10月应邀在台湾大学任教，并受聘为一家石油公司董事长达20年。他的著译有：《桥梁》、《八十年来之中国铁路》、《中国铁路概况》、《中国铁路志》、《七十年来东清、中东、中长铁路变迁之经过》、《詹天佑先生年谱》等。

5.2 固体力学的先行者魏嗣銮

较早进行有关弹性力学研究的是魏嗣銮。魏嗣銮（1895—1992），字时珍，四川蓬安人。1920年就学于上海同济大学，1920年赴德 Göttingend Georg August 大学深造，1925年获博士学位。1926年回国后，历任同济大学、成都大学、四川大学等学校的教授，并曾任四川大学理学院院长。

在德国期间，以《负荷均匀分布四边固定的矩形板》为题撰写博士论文，以变分法探讨了均匀负荷四边固定的矩形板的挠度和弯矩。回国后,曾讲授相对论、变分法、偏微分方程等课程。

魏嗣銮早期曾参与《少年中国》杂志的工作。中国办杂志者,与爱因斯坦打交道的当数他较早了。1921年,负责《少年中国》杂志相对论专号工作的魏嗣銮,于8月25日写信给爱因斯坦,要求爱因斯坦提供本人照片。魏嗣銮在信中说:"你的相对论,他在中国,也很惹起一般人的注意;有许多学会或团体,他们都发出专号,来讨论这个问题。譬如少年中国学会,他就是那些学术团体中的一个。现在他的会员,也很想将他们的研究心得,在他们的月刊上发表,他们很重视这件事,所以他们特请你给他们一个许可。而且,假如你愿意,更请你给他们一张相片。"

爱因斯坦接到信后,于同年9月5日回信:"很尊敬的数理科大学先生魏嗣銮:你的信,我已收到了,我很感谢你,你们要出相对论专号,我对于这件事,异常喜欢;而且,我很愿意给你们收纳,很恭敬你的爱因斯坦。"

《少年中国》杂志第3卷第7期作为相对论专号,于1922年1月出版。这期刊登了爱因斯坦从柏林寄给魏嗣銮的照片,还刊登上述所提到的两封信。同时,发表了魏嗣銮、王光祈有关相对论和爱因斯坦的三篇文章。

从魏嗣銮与爱因斯坦的交往,可以说明爱因斯坦对中国科技杂志的支持,也表达了中国知识界对爱因斯坦的尊敬与热爱。

5.3 钱伟长对固体力学的研究

钱伟长(1912—)是在力学方面长期在国内进行教学与研究,且很有成就的一位学者。1931年钱伟长入清华大学求学。1935年钱伟长考取了清华大学高梦旦奖学金,在导师吴有训的指导下做光谱分析。1939年初，经香港、河内到昆明，在西南联合大学讲授热力学。是年与孔祥瑛结婚，并与郭永怀、林家翘以相同分数同期考取庚子赔款留英公费生。1940年8月赴加拿大多伦多大学，在J. L. 辛格（Synge）教授指导下研究板壳理论，1942年获博士学位。1942—1946年，他在美国加州理工学院和喷射推进研究所与钱学森、林家翘、郭永怀一起，在T. 冯·卡门（von Karman 1881—1963）教授的指导下从事航空航天领域的研究工作。

1946年5月，钱伟长以探亲为名只身回国，从洛杉矶乘船回到上海，应聘为清华大学教授，兼北京大学、燕京大学教授。

钱伟长早期最重要的工作是在1941年，钱伟长和他的导师辛格合作发表的《弹性板壳内禀理论》一文，文中作者成功地用张量符号建立了薄板薄壳内力素张量所应满足的6个静力宏观平衡方程，并把微元体的平衡及变形协调方程写成适当的形式，避免了对板壳变形的先验假设。从这一精确理论出发，可以根据不同的实际情况做不同的近似处理，发展出系统的理论方法。

后来钱伟长发展以上这篇论文的方法，形成他的博士论文的主要内容，于1944年分三期在应用数学季刊上连续发表。文中从三维弹性理论的应力平衡方程出发，配合着三维的应力应变关系，并假定材料均匀各向同性，对一般薄壳问题进行了系统的研究。薄板被看做是薄壳的特例。把应力应变分量展开为厚度方向坐标x_0的泰勒级数，得到用6个待定量$p_{\alpha\beta}$，$q_{\alpha\beta}$（α，$\beta = 1, 2$）表示的3个平衡方程和3个协调方程，这里$p_{\alpha\beta}$和$q_{\alpha\beta}$分别为中面拉伸张量和中面弯曲张量。解出$p_{\alpha\beta}$和$q_{\alpha\beta}$以后，就能计算各点的应力和应变,也可以算出壳体中面各点上的内力素。文中并未采用位移为未知量,所以和常见的板壳理论在形式上有很大区别。文中应力、应变和曲率都采用张量表述,是一个大的进步。文中把板壳问题系统地分成12类薄板问题和35类薄壳问题。分别给出了6个基本方程的相应简化形式。在这些简化方程中,略去了量级较小的项,得到系统而且一致的近似。所得到的各类近似方程中,包括了常见的小挠度方程和一些已知的大挠度方程。其中,钱伟长较早地得到了扁壳方程。

1946年,钱伟长与冯·卡门合作发表了《变扭率的扭转》一文。

■ 6 流体力学的研究

6.1 周培源的早期教学与研究

我国杰出的科学家和教育家周培源,不仅在物理学和流体力学的研究和教学中取得了世人注目的成果,而且是一位科学与教学的组织者。在清华大学和西南联合大学期间,在周培源周围,吸引了一批研究力学的年轻人,在1952年他又是我国第一个力学专业的缔造者。人们说他是我国现代力学的奠基人。

周培源,1902年8月28日出生于江苏省宜兴县(今属江苏省无锡市)的一个书香之家。父亲周文伯是清朝秀才。母亲冯瑛生有一子三女,周培源排行第二。

1919年,他考入清华学校(今清华大学前身)中等科。学习期间,他对数学产生了浓厚的兴趣,并发表了论文《三等分角法二则》,受到当时数学教授郑之蕃的赞许。1924年,他由清华学校高等科毕业。同年秋天,由于他成绩优秀,被清华学校派送去美国继续完成大学课程，入美国芝加哥大学数理系二年级学习。周培源于1926年春、夏两季分别获学士和硕士学位。

1927年，周培源入美国加利福尼亚理工学院继续攻读研究生。他先从师贝德曼，后改从E. T. 贝尔做相对论方面的研究，次年获理学博士学位，并获得最高荣誉奖（Summa Cum Laude）。

1928年秋，他赴德国莱比锡大学，在W. K. 海森伯（Heisenberg）教授领导下工作；1929年，又赴瑞士苏黎世高等工业学校，在S. 泡利（Pauli）教授领导下从事量子力学研究。同年回国，被聘为国立清华大学（以下简称清华大学）物理系教授，年仅27岁。

1932年，周培源与王蒂澄女士结婚，生有四个女儿。王蒂澄退休前，一直在清华大学附属中学教书。

1936—1937年，根据清华大学休假规定，周培源再赴美国，在普林斯顿高等学术研究院从事理论物理的研究。其间他参加了爱因斯坦教授亲自领导的广义相对论讨论班，并从事相对论引力论和宇宙论的研究。

第二次世界大战开始后，美国国内急需科技人员，周培源一家刚入境，就收到移民局的正式邀请，给予全家永久居留权，周培源对此一笑了之。1937年，他假满回国。不久，抗日战争爆发。7月底，平津沦陷；8月，侵华日军开进了清华园。周培源受校长梅贻琦之托，安排学校南迁，曾先后任长沙临时大学和昆明西南联合大学物理系教授。在这期间，他抱着科学家应为反战服务，以科学拯救祖国危亡的志向，毅然转向流体力学方面的研究。

1943—1946年，周培源再次利用休假赴美国。他先在加利福尼亚理工学院从事湍流理论研究，随后参加美国国防委员会战时科学研究与发展局海军军工试验站从事鱼雷空投入水的战事科学研究。

1945年末，第二次世界大战结束，鱼雷空投入水研究组的大部分人员被美国海军部留用，成立海军军工试验站，周培源本也应被邀留下。由于该试验站是美国政府的研究机构，应聘人员要有美国国籍。当时，周培源明确提出：不做美国公民，只担任临时性职务；次年即离美代表中国学术团体去欧洲参加国际会议。在美国有关方面接受了上述这些条件后，他在美国继续工作不到一年，于1946年7月离职去欧洲参加牛顿诞生300周年纪念会和国际科学联合会理事会；他还参加了在法国召开的第六届国际应用力学大会，并被这次大会以及会后新成立的国际理论与应用力学联合会选为理事。

1946年10月，周培源由欧洲重返美国，并于1947年2月与夫人携三个女儿全家返回上海。1947年4月回到北平（今北京），继续在清华大学担任教授。

周培源是一位杰出的科学家。他将自己精力的大部分献给了力学与理论物理中两个十分困难的领域：湍流理论和广义相对论。他先后发表了数十篇论文，在这两个领域中都取得了世人瞩目的成就。

在广义相对论的研究中，以"坐标有关论者"而独树一帜。爱因斯坦的广义相对论学说1916年发表后，在全世界迅速传播。在中国，早期传播相对论的有夏元瑮等物理学家，然而进行深入研究爱因斯坦的学说并独树一帜的，周培源是第一位。

周培源对广义相对论产生兴趣，应追溯到1926年他在芝加哥大学求学时期，以后的60年中他一直在这个领域内执著地探索着。

广义相对论在物理上取得了许多辉煌成就,但从一开始就存在着一个困难,这就是,表达引力场的方程是一个包含10个二阶非线性偏微分方程的方程组,而这10个方程之间又存在着4个独立的非线性偏微分方程组所组成的恒等式,也称为比安基(Bianchi)恒等式,这就使得只用引力方程得不到10个引力函数的确定解。

周培源一进入相对论领域便抓住这个难题,主张引进另外的物理条件才能求解出引力函数的确定解。沿循这个思路,周培源在20世纪20年代用引入新物理条件的办法获得了轴对称静态引力场的若干解,以后又于20世纪30年代在引入各向同性条件下,又求得了与静止场不同类型的严格解。

与此同时,国际上的同行学者为了克服上述困难,采用坐标变换的方法来减少引力函数的数目。但这种方法只能求出一种常微分方程的特殊引力场——球对称静态引力场的严格解,例如史瓦西(Schwazchild)解,而对众多的其他物理问题仍然束手无策。沿着这条思路求解引力场方程的相对论研究者,在国际上称为"坐标无关论者"。他们主张坐标在引力论中无关紧要。

与此相反,周培源从一开始进行引力论研究时,就认为坐标是有物理意义的,因此他是一位"坐标有关论者"。

"坐标有关论者"在一些特殊问题上,引进谐和条件以求解引力场方程的做法,可以追溯到1919年爱因斯坦本人。他引进谐和条件的近似式来求解线性化了的引力场方程,从而获得了引力波解,预言了引力波的存在。后来,德·东德(de Donder)将谐和条件严格化。1923年,郎曲斯(Lanzos)曾用这一条件得到了球对称静态引力场的解。

在应用广义相对论于宇宙论方面,周培源于1939年证实了在均匀性或各向同性的条件下,可以将过去常用的宇宙度规(Friedman度规)简化,并使求解问题大大简化。1987年,周培源和他的研究生黄超光将谐和条件用于宇宙论,得到了新的结果。他们用引力场中的电磁理论来计算宇宙中后移星系辐射光的强度,由此导出新的红移关系与该星的质量有关。

周培源是我国湍流理论研究的领头人。在世界强手如林的湍流研究队伍中,他积数十年之成果,形成了自己独立的理论体系,受到国际上的重视。

他从事湍流研究是从1938年开始的。当时,他暂时搁下了从事多年的宇宙论的研究,而将主要精力放在湍流上。

流体的湍流运动在自然科学史上一直是困惑许多杰出科学家之谜。流体运动的基本方程纳维-斯托克斯(Navier-Stokes)方程(简称N-S方程)虽然早在1821年就建立了,但却一直未能从它求出描述湍流运动的解来。1895年,英国雷诺(Reynolds)发现不可压缩流体充分发展了的湍流运动可以分解为平均运动和脉动运动两部分,并从N-S方程用平均方法导出了湍流平均运动方程。但这组方程是不封闭的。在周培源之前,人们总是从这组方程出发,引入脉动量、平均流速对空间坐标的梯度有关的各种假设使方程闭合,来求解流体的平均速度。

周培源在国际上最早考虑脉动方程(即N-S方程与平均运动方程之差),并由这组方程导出二元和三元速度关联函数所满足的动力学方程,再引进必要的假设来建立湍流理论。1940年根据这一模型,他对若干流动问题做了具体计算,其结果与当时的实验符合得很好。

1945年，周培源在论文《关于速度关联和湍流涨落方程的解》中提出了两种求解湍流运动的方法：一种是把平均运动方程和关联函数所满足的方程逐级近似求解；另一种是将平均运动方程与脉动方程联立求解。由于这组方程的高度复杂性，在20世纪40年代，要联立求解是不可能的，但他的这种思路却为湍流研究者开辟了崭新的途径。由于他的这些研究工作，后来被誉为湍流模式理论的奠基人。

在培养人才方面，重视基础理论是周培源的一贯主张。在这种思想指导下，教学中他总是指导学生将有关学科最根本的理论内容吃透。在20世纪40—50年代，他在清华大学、北京大学教学中，每年上一门理论力学课，后来写成讲义，1951年，由人民教育出版社出版。这本《理论力学》教程起点很高，对后来北京大学理论力学教学的高水平起了很重要的影响。听过他的课的学生，无论是继续进行研究工作，还是转向技术工作，都得益于学生时期受到的这种严格的基本训练。

周培源在每一历史关键时刻，他总是以国家和民族的命运为己任而放弃个人的安逸和舒适条件。1937年七七事变，卢沟桥战火开始后，他拒绝加入美国籍，放弃优厚的条件和受人尊敬的地位，于1947年从美国回到国内。当时，许多海外朋友由于对共产党不了解，都曾劝他留在美国。他说："我虽然也不了解共产党，但共产党也是人，共产党在延安时期的政绩就有崇高的声誉，而且我是清华大学派去美国进行科学研究的，所以我一定要回到清华大学工作。"就这样，周培源怀着对祖国的向往之情，恪守对母校的承诺，他全家又一次从美国回到北平。近年来，每当他送自己的学生出国留学或访问时,临行时总是谆谆嘱咐:"你的事业在祖国。"这句话概括了他一生所走过的路程。

6.2 张国藩的教学与研究

在我国较早从事流体力学教学与研究的还应当提到张国藩。张国藩(1905—1975),字铁屏,湖北省安陆县人。1926年,张国藩在博文中学读书时,得到当时中学校长丁克生(英国人)的资助,去上海沪江大学学习。资助有两个条件,一是在沪江大学学习物理、数学和化学,学成后回校任教一年;二是在沪江大学的费用作为借款,回校后从工资中分期扣还。按照契约的规定,1930年大学毕业后,张国藩返回母校教书。

次年,张国藩考取了湖北省官费赴美留学。1931年,进入美国康奈尔大学学习水利工程,同时兼学物理。1933年,获理科硕士学位,随后转入依阿华大学,学习水利,兼攻流体力学、空气动力学、航空力学。1935年获工程博士学位。

1935年,张国藩回国,先后在北洋大学、西北工学院、沪江大学、北洋工学院、岭南大学任教授。也担任学校行政职务。

张国藩晚年,总结教学经验和科研成果,编著了《流体力学》、《振动力学》两部教材,曾被很多高等院校所采用。

张国藩先生的科研成果主要集中在两个方面:一是对分子物理学和原子物理学的研究;二是对湍流理论的研究。

1936年他发表了《从压缩系数和膨胀系数求原子半径》、《从压缩系数和膨胀系数求分子半径》两篇论文,提出利用压缩系数和膨胀系数计算原子半径和液体状态分子半径的一个新方法。他利用这种方法计算了20多种固体状态的原子半径、11种烷分子的长度和苯的厚度,结果与用原子衍射法取得的结果相符。

张国藩的硕士论文《液体分子聚集态的理论本性及其机构》已进入对液体聚集态的研究。

对于湍流问题，当时在学术上一般认为，主要问题是在求解N－S方程时，在数学上遇到了困难，因此关键是如何解决N－S方程在湍流情况下的求解问题。

张国藩和上述见解不同，他认为，湍流之所以研究不出结果，是因为对湍流的物理机制没有搞清楚。他坚持必须从湍流的物理本质方面进行研究的思想，建立新的方程。张国藩早期的研究主要是探讨一些与湍流有关的流体力学的问题。从1933年张国藩在美国攻读博士学位时起，就开始了从事流体力学的湍流理论及应用方面的探讨。1935年，张国藩完成了博士论文《溪流中的落体及对湍流的影响》，研究落体落到一流体中后，及对湍流的影响。这一成果后来被研究湍态化的人所引用，并认为这是这类课题较早的成果。

1949年前后，张国藩主要在湍流的基本理论方面进行研究，充分发挥了他的独到的见解。这一时期发表的论文较多，其中《湍流的热性理论》一书把湍流与分子热运动相比拟，提出了湍流温度的比拟概念，并对某些问题进行计算，得到了与实验相符的结果。

张国藩在潜心从事湍流理论研究的同时，对运用这种理论解决中国的实际问题也是很关心的。1941年，西北成立了西北科学院，张国藩是该院的研究员。他结合当时我国地学上的一个十分严重的北部沙漠南移问题，对风沙进行了研究。他用流体力学的观念，分析风夹沙的运动，写出了《我国北部沙漠南移问题》一文，对沙漠在风力作用下的扩大，提出了科学的论断，并呼吁对沙漠扩大现象进行控制。这篇论文当时获得了工程学会论文奖。但是，在旧社会里，这个问题根本得不到重视和解决。

当我国制定了十年科技规划时，其中力学部分的中心问题之一是"湍流理论的研究"。张国藩是此项目的学术带头人和项目负责人之一，他很重视应用研究，提出在工科学校应该去解决工程技术中迫切的实际问题，例如气力输送，液态化等。他还给这些研究内容取名叫"颗粒-流体力学"。20年后，国际上在这方面的研究得到了蓬勃的发展，证明了张国藩的主张是有远见的。

在民国后较早从事流体力学教学与研究的还有马沣（1897—1966），字苞丁，河北省衡水县人。1921年毕业于北京大学物理系，1922—1926年留学于英国里兹大学，获硕士学位。1926年回国，先后在吉林铁路局任机务股长，在天津河北工学院、天津工商学院、河北大学任教。1949年以后，长期卧病。著有《理论流体力学》。

■ 7　地质力学

用固体力学来研究地壳的运动和变形，是20世纪开始各国科学家的共同兴趣。我国在这方面开展工作最早并且取得重要成果的要算李四光了。他把自己的研究方向称为地质力学。李四光是我国地质力学的开拓者。

李四光（1889—1971），卓越的地质科学家。原名仲揆。1889年10月26日，出生于湖北省黄冈县回龙山街(镇)下张家湾一个贫寒的私塾教师的家庭里。1902年冬，考入武昌第二高等小学堂。1904年，因学习成绩优异，由湖北省官费选派到日本留学；初入东京弘文书院,后入大阪高等工业学校,学造船机械。1910年毕业回国。1911年参加辛亥革命,曾任湖北军政府实业司司长。1913年官费赴英国留学,第二年考入伯明翰大学预科,学采矿。两年预科毕业后,考入伯明翰大学地质系,并兼学物理系课程。1918年获自然科学硕士学位。回国后,李四光一直

李四光像

从事古生物学、冰川学和地质力学的研究和教学工作。1920—1928年,他在北京大学任地质系教授和系主任。1928—1949年,任中央研究院地质研究所所长,组织领导了当时中国的地质研究工作。1931年以后,又兼任中国地质学会会长。主要著作有:《中国北部之蜓科》(1927年)、《中国地质学》(1939年)、《地质力学的基础与方法》(1945年)、《冰期之庐山》(1947年)、《地质力学概论》(1962年)等。

李四光认为:"一切构造形迹都是成群发生的。每一群构造形迹和其他有成生联系的构造形迹群,往往个别形成构造带。构造带与构造带之间,有时存在着构造形迹不甚显著的地块,它们和围绕它们的或半围绕它们的构造带,形成一个整体,构成统一的构造体系。简单扼要地说,构造体系是许多不同形态、不同性质、不同等级和不同序次,但具有成生联系的各项结构要素所组成的构造带以及它们之间所夹的岩块或地块组合而成的总体。"

地质力学是我国科学家创立的有重要影响的大地构造理论,是李四光一生心血的结晶。她为寻找我国紧缺的重要矿产资源和解决国家重大工程地质问题发挥了作用。

李四光的地质力学理论源于他研究中国石炭二叠纪海水进

退。1926年,《地球表面形象变迁的主因》的发表是李四光地质力学研究的第一个里程碑,李四光地质力学研究的萌芽吸收了当时国际先进地质学家的思想营养。他根据中国和东亚的地质构造特点形成和发展了中国的地质理论。20世纪40年代初,李四光率先将力学引入地质构造的分析,发表了《地质力学之基础与方法》,地质力学理论已具雏形。1962年《地质力学概论》的完稿是他对地质力学理论的总结,并对地质力学的工作方法进行了阐述和说明。地质力学理论的核心是构造体系的思想,她在地球科学飞速发展的今天仍闪烁着光芒。

在地学方面值得一提的是在 20 世纪 30 年代,丁西林(1893 — 1974)创造了一种可逆摆,用以精确地测定重力加速度 g 值,从而避免了过去以摆测定 g 值的许多实验误差。

■ 8 民国时期中国力学发展的一般情况

从辛亥革命之后到 1949 年这大约 40 年的时间中,中国的力学大致上仍然是向外国学习的阶段。在明末清初时期,中国的力学主要是由外国人送进来的,在中国传播力学知识的主要是一批传教士。在清末,最初的大学工科教育中的力学基础课,教师大半是外国人,课本是外文的。中国人研究和学习力学的实在是凤毛麟角。

进入民国之后,由于民主与科学思想在民众中普及,中国人开始有学习力学的积极性。这个时期中的一个显著的特点是在辛亥革命前后所派出的留学生中,除大批是学工程科的以外,有一批学理的和学力学的。例如我们前面介绍过的何育杰、夏元瑮、周培源、李四光等。他们学成归国后成为在中国发展理工科教育和开展理工科研究的中坚力量。这些人在当时中国十分落后的工业和社会不重视力学的条件下，都在教学与研究上做出了成绩，实在是难能可贵的。

纵观这一时期，我们可以发现在力学发展上有如下的特点：

第一，力学在中国还不能说是一个独立的学科。许多从事力学教学与研究的，都是作为其他理工科的基础课教师来开展教学与研究的，是依附于其他理工科而存在的。整个国家没有一个专门从事力学的研究机构，也没有一个专门培养力学师资和力学人才的系科。其所以是这样，是因为当时中国的工业十分落后，没有提出独立发展力学的课题。还由于这40来年的大部分时间是在内外战争中度过的，其间经过军阀割据、抗日战争和三年内战时期，工业、教育和科学研究都受到很大的影响。

第二，这个时期我国的学者在力学上做出了一些很好的研究工作。就其大多数来说，都是首先在国外开始，与外国的导师合作或在外国导师指导下完成一批成果，然后回国继续深入发展的。我们在前面介绍的许多名家大都是这样走过来的。这个特点充分表明，中国的力学是从外国人送上门来的阶段，转而为中国人主动向外国学习为其主要特点。应当说，外国人送上门来，从排斥到接收，是漫长的。还应当说，从学习到独立发展的过程也是漫长的。中国力学走上独立发展的道路是1949年之后的事。

第三，在世界范围内，力学已经发展为分支学科众多、队伍庞大、对国民经济和其他学科影响深远的学科。我们说过，到19世纪末，国外力学除了牛顿力学以外又发展了刚体力学、分析力学、天体力学、弹性力学、塑性力学、流体力学、气体力学、材料力学、实验应力分析等学科。在20世纪初,这些分支学科都得到快速的发展。而且在与近代工业结合上,又出现和发展了结构力学、航空力学、道桥力学、自动调节理论、岩石力学、土力学等等。各发达国家都有许多专门的研究机构,在高等学校里也有专门为培养力学人才的专业。不过,由于19世纪末到20世纪初,相对论和量子力学的产生,在国际上出现了一种批判经典力学或机械论的哲学思潮。所以当我国到民国初期派出留学生时,适逢这种思潮的兴起,不能不影响我国留学生学习力学的积极性。于是我国即使在向国外学习上,学习力学的也只是少数人,在少数学科点上学到了一些力学知识,或在少数点上做了些研究。而且大部分从事力学教学和研究的学者又都是在留学时期从事工程学科或物理学科学习的,他们是在学习工程专业的过程中掌握力学知识的。例如周培源、茅以升、凌鸿勋等都是这样的。况且即使学到了一些力学知识,有相当一部分在回国以后又转行做别的事情了。所以从总体上来说,与发达国家相比,中国的差距是非常大的。值得一提的是,在1949年以前,留学生学成归国而且一直在国内从事力学研究与教学的,其中最著名的是周培源和钱伟长两位先生,前者是学习物理出身,而后者是学习应用数学出身。他们在极其困难和艰苦的条件下从1949年之前坚持力学的教学与研究是很难能可贵的。

第四章
我国现代力学教育与研究队伍的形成与发展

> 如果说，现代科学完全是西方产生和发展起来的，那主要是因为西方具有社会的和经济的条件，而中国则缺少这种条件。确实，过去中国的情况对现代科学与有关的技术的发展起着阻碍作用。但是，许多年来，自从中国从东海岸受到西方文明的影响之后，中国人已经不断努力要赶上西方的科学发展，而且在各个科学领域中已经出现了许多第一流的中国科学家和技术人才。
>
> （英）李约瑟[①]

[①] 李约瑟著.四海之内.劳陇译.上海：三联书店，1992.94~95

■1 1949年后我国力学发展所面临的情况

如果从1627年邓玉函著由王征译述的《远西奇器图说》一书的出版开始，到1949年，在这300多年中，外国人不断地一次又一次地送来力学和现代科学。鸦片战争之后，特别是民国以后，也有少数人向西方学习力学知识，可是中国人的吸收是非常可怜的。1949年之后中国来到了这样一个关口，是按照原来的步度慢慢走，还是另辟蹊径迎头赶上。为了回答这个问题，我们需要简单回顾一下1949年中国的力学所面对的情况。

1.1 力学发展的缓慢

世界各发达国家力学研究队伍的形成是比较早的。这是因为：第一，现代自然科学是从力学开始的。西方国家，最早的一批物理学家、数学家，大多同时也就是力学家。如牛顿、拉格朗日、拉普拉斯、亥姆霍兹、庞加莱等。所以对西方国家来说，近代自然科学的开始，也就是力学研究的开始。西方国家的近代科学，大致是从16、17世纪开始的，所以西方国家的力学研究队伍的形成大致也始于那个时期。

第二，在西方发达国家，很早便有专门培养力学人才的系科和学校，也有专门从事力学研究的机构、设备。例如在1775年，法国科学院接受了经济学家与哲学家图尔葛（Anne-Robert-Jacques Turgot，1727—1781）的建议，去做一项"为了航海事业的研究"。为此组织了一个委员会，从1775年7月到9月间工作，其成员是百科全书派的主将达朗贝尔，与他共事多年的数学家与应用数学家侯爵康多尔瑟（Marie-Jean-Antoine-Nicolas Caritat,Marquis de Condorcet,1743—1794）以及修道院长玻素

（Charles Bossut,1730—1814）等。委员会由玻素担任秘书。实验是在校园中的湖中进行的，玻素是实验报告的起草人。1777年提交了报告《关于流体阻力的新经验》。他们采用的方法是测量由已知力牵引通过水池的船模所获得的速度，这就是最早的试验船池。1895年，英国建造了专门研究空泡问题的小型水洞。随后在20世纪20—30年代，英、德、法、苏、美等国相继建造了较大型的空泡水洞。俄国的力学家茹可夫斯基（Николай Егорович Жуковский,1847—1921）1902年建成莫斯科大学的风洞。而弹性力学的理论早期构架是联系于法国桥梁道路学院的三个人。即曾在该院求学的柯西和在那里任教的纳维以及纳维的学生圣维南。前两位是弹性力学一般理论的奠基人，而后者则提供大量经典弹性问题解。

进入20世纪，西方发达国家不仅都有专门培养力学人才的系科和学校，力学的专门研究机构和设备的规模也愈来愈大。

而中国怎样呢？可以这样说，旧中国没有力学，这里"没有"不是指在漫长岁月中没有个别优秀学者从事力学研究，而是指在旧中国没有一支专门从事力学研究的队伍，在高等学校中没有一处力学专业。

西方牛顿的《自然哲学的数学原理》一书出版于1687年，清代李善兰等曾着手翻译但没有完成，直到1931年才由商务印书馆出版了郑太朴的译本。仅翻译就花去了200多年。到1903年才出版了第一本以力学为题的《力学课编》翻译教科书。截止于解放前夕，中国出版的力学书籍包括教科书在内寥若晨星。

人们也许会问，在长长的300多年中，外国的传教士和一些有志于科学的学者，是否也培养过一些爱好科学的学生呢？不错,在清末像丁韪良、李善兰等也曾经在同文馆里培养过一些学生,民国后,一些新型大学也曾经培养过一批理工科学生。可是,1949年以前的中国,没有给他们留下多少生存空间。所以绝大多数转行和销声匿迹了。

当然了,中国的力学发展这样缓慢是有其客观原因的。远的原因我们在绪论中已经谈到了,近的来说,民国以后的军阀割据,连年内战,日寇入侵等,兵荒马乱,使民不聊生,所以更谈不上发展科学技术了。

所以,我们可以说,1949年之后中国的力学几乎是在空地上生长的。

1.2 独立国民经济和国防的要求

人们不会忘记19世纪中叶到1949年前夕,中国的"大刀长矛"屈辱于帝国主义列强的"洋枪洋炮"的历史。前者的生产背景是落后的手工业,而后者是现代机械工业,相应的科学技术基础就是力学。这种落后,反映在科学上毋宁说就是力学的落后。

马克思如是说:力学是"大工业的真正科学的基础"[1]。美国科学院院士 J. G. Glimm 说过:"40年前,中国有句话说'枪杆子里面出政权',从70年代起应当是'科学技术里面出政权'。"回顾西方发达国家所走过的路,人类的近代工业:蒸汽机、内燃机与机械工业、大水利工程,大跨度的桥梁、铁路与机车、轮船、枪炮,无一不是在力学知识积累基础上产生与发展起来的,无一不得益于力学学科。20世纪,产生的许多高技术也是在力学指引之下发展起来。除航天、航空外,还有高层建筑、巨型轮船、大跨度与新型桥梁(如吊桥、斜拉桥)、海洋平台、精密机械、机

---

[1] 马克思. 剩余价值理论 第二册. 见:马克思恩格斯全集26卷.北京:人民出版社,1972.116

器人、高速列车、海底隧道等都是在力学指导下实现的。

钱学森先生70年代说过:"不可能设想,不要现代力学就能实现现代化"①。

中国的情况怎样呢?从1880年张之洞兴建汉阳铁厂之始,中国钢铁生产由手工业转向机械化生产。直到1949年,我国钢产量只有15.8万吨,人均不足300克,连打一把菜刀都不够。当时,就连小小的铁钉也得依赖进口,称为"洋钉"。那时现代工业的产品:收音机、汽车、火车、织布机、轮船等等无一不仰仗于进口。至于武器,许多年中,中国最有名的枪支,就是晚清张之洞的"汉阳造"和山西阎锡山的"太原造"。在建筑上,当时中国的现代建筑,都在上海和天津的租界,都是西方国家建造的。

至于桥梁,所有的钢铁桥梁都是外国人设计建造,如兰州的黄河铁桥、于1908年2月正式开工修建,1909年7月正式通车,花费白银31万余两。它是在德国采购桥料,万里海运,天津海关进口,数千里铁路运输和民间运力转运的130万斤桥料的长途跋涉。1888年,建成天津至唐山的铁路,火车站所在租界的老龙头铁桥(1927年另建成"万国桥",即今解放桥),也是外国人设计建造的。我国自行设计的大桥当数茅以升主持修建的钱塘江大桥了,可惜在1937年9月刚通车不久,由于日本侵略,在南京政府指示下于年底被炸毁了,仅使用了89天。

纵观中国工业当时的情况,一句话,中国在经济上还不是一个独立的国家。中国的社会结构基本上还是以农业和手工业支持的生产,所维持的自然经济为主。

---

① 钱学森. 现代力学——在1978年全国力学规划会议上的发言. 力学与实践, 1979, 1 (1): 4~9

1949年在政权更换以后,能不能持久地保住政权,就要看新政权在经济建设上和为保卫这个政权而发展的国防建设的作为了。而为此,一支相当规模的力学家队伍对于建立独立的现代工业体系是绝对必要的。

1.3 科学发展的要求

自从20世纪初,中国的先进知识分子,就深感于中国科学的落后。他们建立了科学组织,出版了科学杂志,为推动中国的科学发展而奔走呼号。可是,半个世纪过去了,仍然成效甚少。

恩格斯说:"认识机械运动,是科学的第一个任务"。①

恩格斯的这话意味着,如果没有现代力学,科学的其他学科也很难前进。西方现代科学的进程正是从力学开始的。

力学是研究物质的宏观机械运动的学问,机械运动即简单的位置移动,宏观指的是同人的尺度相去不大的范围。由于各类复杂运动中都包含着这种基本的运动形态,不论是在自然界,在技术过程中力学问题都广泛存在。所以它的研究成果也深刻影响着别的基础科学的发展,当然其他学科的研究成果也丰富与推动力学的发展。力学与其他学科的相互影响主要是通过以下5种途径:

(1) 力学是自然科学中精确化最早的学科。力学发展中最早与数学建立起密不可分的联系。历史上最伟大的力学家,也同时是伟大的数学家。将实际问题经过模式化转化为数学问题求解再回到实际,所形成的方法论,深深地影响着整个自然科学。如动力系统从力学中提出,它的要点是给定系统发展所必须遵从的规律及初始状态,去追踪系统的发展。这种方法应用到天文、物

---

① 恩格斯. 自然辩证法. 北京:人民出版社,1971.230

理。后来应用在化学中讨论反应过程形成化学动力学,精确化后的经济学的经济动力学也可以看作是这一方法论的延伸。

(2) 力学中研究的宏观现象,是自然界最易于直接观察到的现象。许多重要发现和结论都是在力学中首先研究清楚后,才在其他学科中发现和应用。例如,孤立子波是1834年在浅水渠中发现的一种力学现象。到20世纪60年代后发现它同量子力学间的联系,后来在光学中也发现了这种现象,并在光导纤维技术中得到应用等。

(3) 由于宏观运动规律广泛存在性,其他基础学科的研究有赖于基本宏观运动规律的认识。如天气预报要遇到大气湍流,而湍流是流体力学中的基础课题。生物学中血液循环,化学中的物质扩散过程等,无不本身就是力学的课题。

(4) 力学研究为其他学科提出了挑战性的难题。如对数学提出运动稳定性问题以及各种复杂问题的描述和求解方法。多自由度保守系统,在数学上既是动力系统的研究对象,也是黎曼几何、辛几何的研究对象。

(5) 力学吸收其他学科的成果完善发展自己。牛顿运动三大定律就是在丰富的天文观测资料基础上总结出来的。力学的先进的实验与测量技术,就是吸收了光学、电学、电子学与计算机的成果武装起来的。

所以周培源先生说:"只要自然界存在着机械运动,以及机械运动和其他高级运动形式的相互联系,力学就永远有无止境的研究课题,就永远有无限光辉的前景。"[①]正是由于力学研究对象的"普遍的"属性,力学学科发展在诸基础学科发展中往往是举

---

① 周培源. 谈谈对力学的认识和几个关系问题, 力学与实践, 1979(1): 3

足轻重影响全局的。所以,从发展科学技术的全局来说,也首先需要有一支相当规模的力学专家队伍的。

综上所述,发展力学事业的重要性,首先由一批科学家和工程师认识到,随后政治家、将军、企业家达到了共识。才使中国的力学从无到有。随后特别是到1957年,前苏联发射了第一颗人造卫星促使在更大的范围、更多的人认识到力学对现代技术和国防的重要性。所以在1958年中国的力学形成一个大发展时期。

■2 我国高等学校中力学专业的设置

前面说过,1949年之前,我国现代工业基础薄弱,对于力学研究和力学人才培养的需求并不感到十分迫切。因此,当时的中国既没有专门的力学研究机构,更没有专门培养力学人才的专业和科系。即使如此,我国仍有一些来自物理学、数学、航空工程、土木建筑学、化学工程、机械工程等不同专业的优秀学者投身到力学事业中,在艰苦的条件下,为推进中国的力学事业辛勤地劳动着。当时中国的力学教育,主要是作为为理工科科系的基础课进行教学的。有关的力学研究,也都是围绕工程问题做一些辅助性的研究。所以,1949年以后中国力学界的第一批专家实际上是从别的行业专业,如物理、数学、土木、机械、水利、航空等行业而来的,或者虽原来是学力学的,1949年以前改行做别的,现在再归队的。

一个国家有没有独立的力学研究,要看它有没有专门培养力学人才的专业,还要看它有没有专门从事力学课题研究的研究机构。我国的力学真正成为一门独立的学科是1949年中华人民共和国成立之后的事。

1950年之后，中国近代力学开始繁荣与发展。这种繁荣与发展是以我国工业现代化和国防的现代化建设的飞速发展为背景的。新的大工厂、大建筑、现代化产品、火箭、卫星和原子弹的设计与研制，急需成批的力学人才并提出迫切的力学研究的理论与应用课题。

2.1 北京大学数学力学系力学专业

1952年国务院对全国高等学校进行了一次大调整。这次调整的主导思想是按照前苏联的教育模式来重塑中国的高等学校体制。在前苏联的教育模式中，力学专业总是放在综合性大学数学力学系内的一个专业。于是决定在北京大学设置数学力学系，这个系是由原来的北京大学、清华大学与燕京大学三校的数学系合并的，下设数学与力学两个专业。力学专业从1952年招收第一届学生，它是中国的第一个力学专业。

筹办力学专业的教师以周培源教授为首，从物理学转来的吴林襄（1922—1976）、数学系的钱敏、从清华大学研究生刚毕业的叶开沅和周培源的研究生陈耀松一共只有5个人，靠这5个人来开出力学专业的全部课程是不可能的。所以北京大学力学专业的筹办实际上多亏许多其他单位的支援，它的开办成功也可以说是整个中国力学界的贡献。到1956年当第一届学生进入专业培养阶段时，聘请了新成立的中国科学院力学研究所、清华大学等单位的人员兼课。

从1953年起，数学力学系从前苏联先后聘请了力学专家来系工作。1954年从列宁格勒大学派来空气动力学专家别洛娃，她在北大开设了气体动力学课，并且写有《空气动力学讲义》。1958 年，从列宁格勒工学院派来振动与控制的专家特洛伊茨基，他在北大开设了弹性体振动、颤振、控制等课程。后来又从莫斯科大学来了流体力学专家格里高亮讲授量纲分析与流体力学。1954 年莫斯科大学数学力学系还为北京大学数学力学系提出了一个供教学用的实验室规划，其中包括材料试验机、光弹性试验机、小风洞等设备。到 1956 年实验室建设完备。

从 1955 年起，我国在美国包括钱学森、郭永怀等著名学者在内的一大批力学家归国，其中董铁宝、王仁、周光坰、孙天风等来到了北大。从 1956 年起，钱学森、郭永怀等教授给北大力学专业的学生讲课、专题讲座，与学生座谈，还为北大力学专业修订教学计划、建设风洞实验室进行指导和咨询。到 1958 年在力学专业的师资已经超过了 40 名，分为流体力学、固体力学和一般力学三个教研室，新建的实验段直径为 2.25 m 的大风洞也已经吹风。力学专业才算是初具规模。

1955 年力学专业按 5 年学制招生，1956 年至 1966 年是按 6 年学制招生。至 1969 年力学专业迁往北京大学汉中分校，至 1979 年汉中分校撤消，力学专业搬回北京独立成为力学系，之后于 1978 年开始按照 4 年学制招生。从 1981 年国家实行新的学位体制开始，力学系又建立了流体力学、固体力学、一般力学以及计算力学硕士点与博士点。在建立专业以来数十年内，北大力学专业与后来的力学系为国家输送了数以千计的力学专业人才。

2.2 力学系科的大发展

1953 年国家开始了国民经济发展的五年计划，1956 年周恩来总理又号召"向科学进军"，1957 年前苏联成功地发射了第一颗人造卫星。这一切表明经济建设与国防建设迫切需要力学人才,为此北京大学力学专业的一批优秀学生没有毕业就被抽调去充实国防科学研究。从1958年开始,我国高等学校纷纷建立力学系科,在力学系科的建设上,也进入一个大发展的时期。

为了适应急需人才,清华大学于1957年成立了力学培训班,简称"力学班",招收大学工科毕业生学习两年力学然后分配去急需力学专业人才的单位。这个班聘请郭永怀教授担任班主任,当时的清华大学副校长钱伟长、张维教授共同参加筹办,并且聘请校外教师和调动清华大学各系的力量给以支持。力学班先后招收了三届共约290名学生,在各高等学校新成立的力学系科还没有毕业生之前,培养了一批急需的力学专业人才。

从1958年开始,复旦大学、吉林大学、兰州大学、中山大学、清华大学、西安交通大学与上海交通大学、浙江大学、天津大学、哈尔滨工业大学、中国科学技术大学、同济大学、大连工学院、华中工学院、北京工学院、北京航空学院、西北工业大学、重庆大学、太原工学院、华东水利学院等高等学校相继建立了力学专业或力学系。这些系科的建立为工程技术的各行各业输送了力学人才。现今全国高等学校的力学专业已超过80个。

在国内积极筹办力学专业、培养力学人才的同时。国家还选派了一批留学生到前苏联与东欧各国进修力学。其中比较有名的如郭仲衡、杨绪灿、黄克智、熊祝华、赵祖武、黄敦、杨桂通、郭尚平、徐秉业等。他们回国后在筹办新的力学专业、开展力学研究方面都起到了骨干作用。

适应力学教学的需要,以中文写的力学教科书、力学专著也大量出版。周培源与范会国著的两本《理论力学》(分别于1951

年与1952年出版)、钱伟长与叶开沅合著的《弹性力学》(1956年)、钱令希著的《静定结构学》(1952年)与《超静定结构学》(1951年)、陆士嘉著的《流体力学》与《空气动力学》(1949年)是所涉及的方面较早的几本自编教材。

20世纪50年代以后,有关的出版社组织翻译了大量前苏联的力学教材。如由钱尚武与钱敏翻译的蒲赫哥尔茨著的《理论力学基本教程》(上下册,1953年,商务印书馆)、干光瑜等翻译的拉包特诺夫著的《材料力学》(1956年,人民教育出版社)、林鸿荪等翻译的洛强斯基著的《液体与气体力学》(1957年,高等教育出版社)、吴礼义等翻译的洛强斯基著的《理论力学》(1956年,人民教育出版社)、彭旭麟翻译的朗道、栗弗席兹著的《连续介质力学》(第一、二、三册,1958年,人民教育出版社)等。

2.3 工程技术专家改从力学教育的学者

前面我们简单介绍了1949年之后,力学教育的发展概况。由于国家对力学人才的急需,不仅开设专业培养、派出留学生、吸引原来学过力学的专家归队,还有一大批原来从事工程研究和工程教育的学有成就的学者转行来到力学学科进行研究和人才培养的工作。我们着重介绍两位:一位是航空专家王俊奎教授,另一位是土木工程专家钱令希教授。

王俊奎像

王俊奎(1908—1998),字醒园,山西省广灵县人,1929年考入北京大学数学系,因家贫,工作一年后才进北京大学学习。1936年,他公费留学考入美国加州理工学院。在世界著名力学家冯·卡门指导下，于1937年和1938年先后获机械工程和航空工程双硕士学位。1938年，他考入美国斯坦福大学，在世界著名力学家S.P.铁木辛柯指导下，于1940年获航空工程博士学位。

之后，王俊奎进入飞机工厂工作：1942年在美国康沙德梯-沃提飞机工厂任高级应力分析专家，参加了教练机和轰炸机的设计工作；1945年又到诺斯拉普飞机工厂担任高级结构研究工程师和组长，参加了世界上第一架夜间战斗机"黑寡妇"和"飞翼"飞机的研制工作。

1947年太平洋恢复通航后，王俊奎返回祖国。临行，他向所在工厂要了一架崭新的"黑寡妇"夜战机（后因无运费，未成）和一整套"战时科学研究报告"（200余本），以及各种飞机照片带回国内。

回国后，王俊奎先后在西北工学院、西北农学院任教授，讲授空气动力学、结构力学。1948年，任北京大学工学院机械系教授和系主任，同年暑期，受西北工学院的邀请，讲授板壳理论。这是在国内首次开设的重要课程。

1951年全国院系调整后，王俊奎参与筹建北京航空学院，担任建校委员会副主任兼办公室主任以及其他工作。

王俊奎在学术上，主要从事薄壳力学、复合材料力学和结构在高温下行为的研究。S.P.铁木辛柯的名著《板壳理论》是他翻译成中文的。他是加筋结构稳定性研究的先驱。在教育方面，他是北京航空学院创建者之一，他开创了北京航空航天大学固体力学的研究和教学方向。

王俊奎曾任山西省和察哈尔省人民政府委员，1954年—

1978年,担任了北京市政协委员、常委,1981—1990年,任《航空与航天工程学报》主编,1984年任《复合材料学报》主编,曾任中国力学学会第一届理事会副秘书长。1964年成立了中国航空学会,他于1964—1983年任该学会第一届常务理事兼秘书长、第二届副理事长兼秘书长;1989年又成立了中国复合材料学会,他任该学会的理事长。

钱令希像

钱令希(1916—),江苏省无锡市人。1928年钱令希考入了上海中法国立工学院高中部。四年后,他又以优秀成绩直升大学部土木科。1936年,钱令希以土木科第一名的成绩,从上海中法国立工学院毕业。同年10月,被保送到比利时的布鲁塞尔自由大学留学,两年后毕业,获得了"最优等工程师"的学位。

钱令希于1938年回国,先后在昆明叙昆铁路局、川滇铁路公司、熊庆来为校长的云南大学和茅以升领导的交通部桥梁设计工程处工作。

1943年11月,钱令希到内迁遵义的浙江大学任教。不久他写成学术论文《悬索桥近似分析》于1946年在美国《土木工程学报》发表。他的另一篇论文《关于梁与拱的函数分布与感应》的论文,1946年获得当时政府颁发的科学奖。1950年,在这所大学搬回杭州的第四年,钱令希担任了土木系主任。他励精图治,改革求进,大力整顿和加强了资料室和实验室,并提倡教师写教学大纲,改进教学方法。

1952年1月,钱令希接受大连工学院院长屈伯川博士之邀,来到大连工学院（现改名大连理工大学），任教授和第一任科学研究部（现科研处）主任。1979年任副院长，1981—1985年任院长，现为大连理工大学顾问。40年来，他把全部心血奉献给该校，为学校的教学与科研建设作出了重要贡献。他参加了该校土木系港口及航道工程专业的创建工作，又创建了工程力学系和工程力学研究所，建立了一支老中青三结合的，教学与科研并重的骨干梯队，使该校的工程力学成为国家的重点学科，并办起了博士点和博士后流动站。

1954年，他担任武汉长江大桥工程顾问，并于1958年参加了南京长江大桥的规划工作。1959年他还参加了长江三峡水利枢纽的规划会议。从我国实际出发，提出了新型支墩坝型——梯形高坝的建议，后为浙江湖南镇128 m高坝及其他几个水电站工程所采用。

他在结构优化设计、弹塑性力学的变分原理、开洞柱壳的应力分析等方面做出过很好的研究工作。

钱令希对倡导和推动发展我国计算力学起了很重要的作用。早在20世纪60年代初，就带领自己的研究生，共同勤奋学习数学和电子计算机的有关知识，进行知识更新；同时，在力学界竭力倡导把古典的结构力学和现代化的电子计算机结合起来，努力在我国兴建计算力学这一新学科。在1973年中国科学院力学规划座谈会上，他作了题为《结构力学中最优化设计理论与方法的近代发展》的学术报告，引起了力学界和工程界的关注和响应。

钱令希在创建大连工学院力学系和随后的人才培养上起来很大的作用。他还创办出版了《计算力学学报》。

钱令希是中国科学院1955年选出的院士,第二届中国力学学会理事会的理事长。

■ 3 20世纪50年代以来中国的力学发展

从1949年中华人民共和国成立之后到1966年"文化大革命"之前,是中国力学事业发展的黄金时代。如上所述,这个阶段力学教育从无到有,有了很大发展。在科学研究、学术交流、力学研究机构的建立、力学学术团体的组织、力学学术刊物的出版等方面都得到全面的发展。

3.1 从数学研究所的力学研究室到力学研究所

1951年,在中国科学院数学研究所成立了力学研究室,这是我国的第一个专门从事力学研究的学术机构。室主任是著名力学家钱伟长教授,还有物理学和力学家周培源和航空力学家沈元为研究员。这个研究室不久接受了一批像胡海昌、林鸿荪、庄逢甘、郑哲敏等这样有为的年轻人,在钱伟长教授的领导下,学术活跃、创造力强。短短几年内出版了研究论文集《弹性圆薄板大挠度问题》(1954年)、《弹性柱体扭转理论》(1956年)。并且发表了许多重要论文,如胡海昌(1928—)的论文《论弹性体力学与受范性体力学的一般变分原理》(1954年,《物理学报》)后来被称为广义变分原理,世界各国的固体力学论著中称之为"胡—鹫津原理"。

钱伟长(1912—)在弹性力学、小参数逼近,以及中文文字处理等方面都有贡献,回

钱伟长像

国后一直在清华大学任教,曾任清华大学教务长、副校长等职。1983年起任上海工业大学校长。1984年创办上海应用力学研究所。

1955年10月8日钱学森举家回国,当月就与钱伟长讨论合作建立力学研究所。1956年1月中国科学院力学研究所正式成立。力学研究所建立后承接经济建设与国防建设两方面的研究课题。与国防建设有关的人员后来改属航天部,为我国的火箭导弹事业作出了贡献。与国民经济课题有关的人员开展了流体力学、固体力学、爆炸力学、等离子体动力学、海洋土力学、材料的力学性能、力学测量技术等方向的研究。在各方面都取得了很好的成果。力学研究所是我国一所较大的综合性的力学研究单位。

在中国科学院力学研究所建立之后,我国又相继建立了一批力学研究机构。

1963年,原哈尔滨中国科学院土木建筑研究所改名为中国科学院工程力学研究所。该所初建于1953年,主要从事与土木建筑有关力学课题的研究,如混凝土、硅酸盐、木材等建筑材料的力学性质研究,工业与民用建筑的抗震、抗冲击研究,1984年后该所隶属于国家地震局。

1963年建立了中国科学院兰州渗流力学研究室。主要研究课题是石油渗流规律,旨在提高原油的采收率。

1962年由原1958年成立的中南力学研究所改组成为中国科学院武汉岩体土力学研究所。它是中国科学院高技术研究基地型研究所,专门从事岩土力学基础与应用研究、以加强工程应用背景为特征的综合性研究机构。已故国际著名岩土力学专家陈宗基(1922—1991)院士为研究所的创始人。研究所围绕国家重点基础设施建设中的关键岩土力学和岩土工程问题及高新技术主线，开展大规模地下空间、高陡边坡和环境岩土力学基础性、战略性、前瞻性的科技创新研究。

1956年在无锡建立了造船科学研究所，后改名为中国船舶科学研究中心。主要从事船型与阻力、推进器、船舶的操纵性、耐波性、船舶结构等方面的课题。

1976年在四川省绵阳建成了中国气动力研究与发展中心。主要从事航空、航天、工业与民用建筑结构中的空气动力研究。

1984年11月11日在钱伟长教授主持下正式成立了上海应用力学研究所。

此外还建立了一批属地方或高等学校的研究单位。这里就不一一列举了。

3.2 中国力学学会

随着力学研究的开展、力学工作者的增加，成立力学学会就成为水到渠成的事了。在钱学森、周培源、钱伟长、郭永怀等许多著名力学家的共同倡导和组织下，中国力学学会于1957年2月在北京宣告成立。第一届理事会选举钱学森为理事长，周培源、钱伟长、张维、李国豪、沈元、钱令希为副理事长。它的任务是开展国内、外学术交流、出版各种力学学术刊物、进行力学科学普及工作与力学教育工作。1998年力学学会选出了它的第六届理事会。

到目前为止，中国力学学会已经发展成有两万多名会员的大学会。力学学会下设有科普、教育工作委员会与流体力学、固体力学、一般力学、实验力学、计算力学、理性力学、结构工程、流变学等17个专业委员会。

力学学会办有《力学学报》《固体力学学报》《力学与实践》、《爆炸与冲击》、《实验力学学报》、《工程力学学报》、《计算力学学报》、《力学进展》等学术期刊。

中国力学学会下属有全国各省、市的地方力学学会。

中国力学学会于1977年正式加入国际科学联合会（ICSU）下属的国际理论与应用力学联合会（International Union of Theoretical and Applied Mechanics, 简称 IUTAM），并选出两名理事参加该会的工作。

1997年，力学学会迎来了它的40周年纪念。学会第五届全体常务理事会在1995年11月作出决定，于1997年8月26—28日在北京召开主题为"现代力学与科技进步"——庆祝中国力学学会成立40周年学术大会。会议得到了力学界同仁的热烈响应。这次大会共收到550篇投稿，经过审稿，本次会议文集收编了396篇论文。会议文集共分三卷：第1卷为综述论文，第2卷包括流体力学、交叉学科，第3卷包括固体力学、一般力学和力学教育。

3.3 力学研究成果及其在国家经济与国防建设中的作用

在今天看来，中国力学家有不少研究成果已经为国际力学界所注目。如周培源的湍流模式理论、胡海昌的广义变分原理、郭永怀对奇异摄动方法的发展也被称为 PLK 方法（即 Poincare-Lighthill-Kuo(郭)）、气体力学中的卡门－钱学森方法、钱学森的工程控制论、钱伟长的弹性薄壳的内禀理论等等。

1957年我国第一座跨越长江的大桥武汉长江大桥建成并通车、20世纪60年代末江南造船厂制成了1.2万吨的水压机、1968年南京长江大桥的建成与通车、1971年江南造船厂两万吨货轮"长风号"下水、1976年大连造船厂五万吨"西湖号"油轮下水、这些建设成就都凝聚着力学家的辛勤劳动与研究成果。

20世纪60—70年代，中国研制成功原子弹氢弹、导弹与人造卫星，简称"两弹一星"，大大提高了中国的国际地位并且打破了少数国家的核垄断。1964年10月16日，中国第一颗原子弹试验成功、1967年6月17日中国第一颗氢弹爆炸成功、1970年4月24日中国发射成功了质量为173 kg的"东方红1号"卫星、1984年4月8日中国成功地发射了一颗地球同步静止通讯卫星并于4月16日定点成功、1988年9月7日中国成功发射了同步气象卫星。2003年10月15日，我国神州5号飞船发射进行载人航天飞行成功。力学家在"两弹一星"中的贡献是举足轻重的。

中国的"两弹一星"虽然比发达国家成功得晚，一般想来好像前人的经验可以借鉴。其实对任何国家来说，这是绝对保密的技术，所以要想进入这个领域，几乎都得自己从头研究。例如原子弹的点火、原子弹爆轰聚焦、原子弹试验时的安全性、以及有关的冲击、噪声、温度等课题都是待解决的力学问题。在导弹、人造卫星和载人飞船方面，发动机中的燃烧与控制的问题、结构问题、在高温条件下工作的材料及其行为问题、弹道计算与控制问题、导弹在不同高度上运动时空气阻力随高度变化规律的问题、物体在稀薄气体中运动时的空气动力问题、高速飞行物的气动加热问题、卫星再入大气时的防热问题等等。

郭永怀（1909—1968）教授是参与"两弹一星"研制并且为此献出了生命的科学家。他长期从事航空工程研究，在克服声障问题、发展奇摄动方法上得到了国际声誉。在西南

郭永怀像

联合大学时期郭永怀曾经协助周培源进行湍流计算,后于1940年出国到加拿大多伦多大学、美国加州理工学院、康奈尔大学等处学习与工作,于1956年11月回国。回国后历任科学院力学研究所副所长、力学学报主编、中国科学技术大学化学物理系主任,是我国最早的一批院士之一。1960年兼任二机部第九研究院副院长,1967年任国防科委空气动力学研究院筹备组副组长。

郭永怀在力学研究所负责并领导了磁流体力学实验室、激波风洞、高温激波管的建设工作,领导了高超声速空气动力学的讨论班,并且提出了解决卫星回地问题的方案,这些工作对后来发展远程导弹与人造卫星都起了重要作用。在二机部工作期间,又对中国发展核武器作出了重要贡献。1968年10月郭永怀赴青海筹划我国第一颗导弹热核武器的试验,12月5日他从兰州乘飞机返京,因飞机事故而殉职。

3.4 "文化大革命"的干扰

1966年开始到1976年结束的"文化大革命",不仅在政治上、经济上、文化上是一场浩劫,对中国的力学事业也是一场灾难。力学专业像其他专业一样停止了招生、力学学报停止了出版、力学学会停止了活动、力学家与力学教师与其他知识分子一样全部被送往农村或"五七干校"劳动。

一批造诣很深的力学家被当作"反动学术权威"批判或当作外国特务隔离审查,有的还被整死。北京大学的董铁宝教授、科学院力学研究所的程世祜、林鸿荪被整而含冤死去。

在"文化大革命"中,只整一般的"反动学术权威"似乎不够味,在1967年之后以陈伯达为代表的一些当时掌权者提出批判爱因斯坦、批判相对论、批判热力学第二定律,煽起一股愚昧的自大狂。他们进一步煽起理科无用的思潮，妄图否定迄今为止的全部理论。愚昧到认为高等学校的各种系科只有工科有用，不过以往培养的工科毕业生无用，因为他们"三脱离"（即脱离生产、脱离实际、脱离劳动人民），他们对以往的知识分子错误地估计为世界观和立场基本上是资产阶级的，因此在大学与研究单位里要来一次"换血"，由工农兵来"上、管、改"。他们还制造中国是世界的中心的神话，在批判"崇洋媚外"的幌子下煽起盲目排外情绪，学校停止了订阅外国的一大批学术书刊。周培源教授为反对这些论调写了文章，结果遭到了围攻。他们在闭关自守、夜郎自大方面比清朝皇帝走得更远。

西方谚语说得好："上帝教他灭亡，必先教他疯狂。""四人帮"的疯狂导致了他们很快覆灭。1976年之后，中国迎来了一个政治、经济、文化发展的好时期，也是力学发展的好时期。不过时间白白过去了十年，外国在这十年中正是飞速发展的时期，这十年的损失是不可弥补的，教训也是惨痛的。

3.5 1976年之后的发展

1976年，给中国人民带来灾难的"文化大革命"终于结束了，国家又进入了正常发展的时期。在这一时期，和力学发展有关的最主要的大事有：

学校恢复了招生。从1977年恢复大学正常招生，受"文化大革命"影响没有完成正常学业的学生，有许多还想继续完成学业，为此一些学校开办了"回炉班"，帮助他们学完未完成的学业。北京大学与清华大学的力学系科都招收大学生，并且招收了"回炉生"。回炉生经过两年的补课后，被分配到许多急需力学人才的岗位上去工作了。

从1978年学校开始招收硕士研究生，1982年又开始招收博士生。国家审核批准了第一批有博士授予权的博士点。北京大学、清华大学、北京航空学院、大连工学院、华东水利学院（现称河海大学）、上海交通大学与西安交通大学等学校被核准招收力学方面的博士研究生。当时力学方面的博士点有流体力学、固体力学和一般力学等按照二级学科设点。后来又增加了计算力学和生物力学等新学科点。

由于以往力学方面的科学研究在经费方面严重不足。从20世纪80年代起，国家根据各研究单位的业绩，陆续核定了一批国家重点研究室。其中在力学方面有：北京大学的湍流实验室、大连理工大学（原大连工学院）的工业装备结构分析实验室、科学院金属研究所的金属材料疲劳与断裂实验室、西安交通大学的机械结构强度与振动实验室与金属材料强度实验室、四川大学的高速水力学实验室、中国科学院力学研究所的非线性连续介质力学实验室等。这些重点实验室受国家经费支持，对国内力学工作者开放。各单位的研究者，只要有合适的课题，都可以申请到有关的实验室做研究，并且可以得到相当的资助。

■4 归国留学生与海外华人力学家的工作

在近代中国历史上，在吸收西方科学和文化方面，时而低潮时而形成高潮。在高潮的时候，有大量的青年人出国留学，曾经有过若干批留学生。在灾难深重的旧中国，尽管绝大部分留学生都学成归国，报效祖国。不过在抗日战争时期出去的那一批留学生却有点特别，因为学成后正值1949年中华人民共和国成立,当时中美交恶没有外交关系,美国不愿意把一批专家学者放归与自己敌对的国家,所以他们无法回国,处于有国难投的境地,于是这批留学生有相当数量留在海外继续从事教学与研究,经过多年的交涉和争取,有一批学者在1955年开始陆续回到了祖国。

也还有一些著名力学家,继续留在西方,不过他们大都心系祖国,在条件许可时,他们以各种方式帮助国内的力学教学与研究。

4.1 归国留学生的工作

这批留学生中从事力学教学与研究的,有一批十分杰出的力学家。他们在力学领域中研究成果卓著,他们成为世界力学界所注目的人物,而他们虽身在海外却心系祖国。除了我们提到过的钱学森、郭永怀等学者外,下面我们还举一些比较出名的学者在回国前后的业绩:

固体力学专家**罗祖道**(1920—1992)1952年起先后在美国宾夕法尼亚大学力学系、任赛罗理工学院做教学与研究工作。在加筋圆柱壳的稳定性和接触问题方面做出过出色的工作。1957年回国。回国后一直在上海交通大学任教。后来在弹性仪表元件的变形规律方面以及复合材料方面做出了很好的工作。经力学学会第三届常务理事会决定出任《固体力学学报》中、英文版的主编。

塑性力学专家**王仁**(1921—2001)归国前曾在美国布朗大学和芝加哥伊利诺依理工学院任教。在塑性动力学方面做出过经典性

王仁像

的工作。1955年归国后一直在北京大学数学力学系（后在力学系）任教。是我国塑性力学学科的开拓者。"文化大革命"后他的兴趣转向地球构造动力学。用弹塑性理论对大地的变形进行研究，在这方面他是一位拓荒者。由于他的影响，在1988年国际理论与应用力学第17届学术会议上，王仁被邀请做地质力学方面的特邀报告。1981年他被选为科学院院士。曾任北京大学力学系主任。曾任中国力学学会第四届理事会的理事长。

力学家与计算机科学专家**董铁宝**（1917—1968），1949年在伊利诺伊大学获得博士学位，后在和N. M. 纽马克（Newmark）等著名学者一起工作时，有机会参与了第一代计算机依利亚克机的设计、编制程序和使用。董铁宝于1956年归国，归国后一直在北京大学任教。在北京大学数学力学系最早开设了《金属的力学性质》一课。这个课程最早介绍了断裂力学，并且吸引了一些年轻人较早地投入到断裂力学的研究中去。此外他较早地注意到国外用矩阵方法进行结构分析，这即是后来的有限元方法。他还在中国科学院力学所和计算所兼职，为推动计算机研制和数值方法的研究以及介绍金属在高温下的行为的研究做出了贡献。"文化大革命"中被迫害不幸身亡。

科学院院士、流体力学专家**林同骥**（1918—1993），福建人，1945年公费留英，1948年赴美，先后在华盛顿大学从事稀薄气体力学的研究和教学，在加州大学、布朗大学从事流体力学与弹性力学的工作，并多有建树。林同骥1955年回国，回国后参与创建力学所并一直在中科院力学所工作。为我国的航空和航天力学做出了重要贡献，如主持设计了我国第一座暂冲式超音速风洞，参与研究洲际导弹的防热问题等。林曾任中科院力学研究所副所长、《力学学报》主编。

这批归国力学家中,还有在北京大学任教的曾任北大力学系系主任的流体力学家周光坰教授(1919—)、曾任北大流体力学教研室主任的孙天风(1920—)教授、在中科院力学所工作的流体力学家谈镐生(1916—2005)院士、曾任《力学与实践》主编的卞荫贵(1917—2005)教授、土力学家钱寿易(1917—1991)教授、固体力学家程世祜(1918—1968)研究员、曾任中科院力学研究所所长和第三届中国力学学会理事会理事长的爆炸力学专家郑哲敏(1924—)院士、曾任中国科学院地球物理研究所所长的岩土力学专家陈宗基(1922—1991)院士,等等,他们是1949年之后推动我国力学事业前进的一支中坚力量。

4.2 在海外的中国力学家

有许多一直留在美国工作的著名华裔力学家,比较著名的如流体力学专家易家训(1918—1997)、吴耀祖,固体力学专家徐皆苏(1922—)。我们这里只介绍中国科学院第一次选举外籍院士当选的两位:冯元桢和林家翘。

冯元桢(1919—),江苏武进人,1941年毕业于中央大学航空系并留校任教,同时攻读研究生,1943年获硕士学位后即赴美留学。1948年获加州理工学院博士学位并留校任教。50多年来历任加州理工学院、加州大学圣地亚哥分校教授,工程学会执行委员、应用力学部主任,生理学会心血管部顾问,生物医学工程学会主席,国际生物流变学会副主席,生物力学国家委员会首任主席、名誉主席,世界生物力学组织主席等。

冯元桢像

1966年前，冯元桢主要从事航空工程和连续介质力学方面的研究。在颤振弹性结构动力学稳定性、连续介质有限变形非线性理论等方面的研究成果卓著，并成功地应用于航空工程。他的第一部专著是《气动弹性理论》（Theory of Aero-elasticity）。

1966年后，冯元桢致力于新兴交叉学科——生物力学的开拓，成为举世公认的生物力学的开拓者和奠基人之一。在这一领域内他及其实验室取得了如下三方面的成就，即：生物软组织本构关系的研究、以肺毛细血流片层流动模型为核心的肺血流动力学规律的研究和生物组织器官生长和应力的关系的研究。

由于他的成就，他被选为美国国家工程院院士、美国国家医学院院士、美国国家科学院院士。1994年6月当选为中科院外籍院士。他还是台湾"中央研究院"院士。2000年12月1日获美国科学最高荣誉美国科学奖章，并由克林顿总统在白宫颁奖。他是第一位获此奖章的生物学家。

冯元桢关心祖国生物力学的教学与科研，曾带领他的主要助手来华讲学，举办中、日、美国际生物学讨论会。并且接纳和培养了多名来自中国的访问学者，为推动我国的生物力学发展做出了多方面的贡献。

林家翘（1916— ），福建福州人，1937年毕业于西南联大物理系，随即留校担任助教，曾师从周培源教授研究湍流。1940年赴加拿大多伦多大学深造，1941年获多

林家翘像

伦多大学硕士学位，1944年获美国加州理工学院博士学位。从1947年起，历任麻省理工学院副教授、数学教授、学院教授、荣誉退休教授。

林家翘从40年代开始，在流体力学的流动稳定性和湍流理论方面的工作带动了一代人的研究和探索。他用渐近方法求解了Orr – Sommerfeld 方程，发展了平行流动稳定性理论，确认流动失稳是引发湍流的机理，所得结果为实验所证实。他和冯·卡门一起提出了各向同性湍流的湍谱理论，发展了冯·卡门的相似性理论，成为早期湍流统计理论的主要学派。

从20世纪60年代起，他进入天体物理的研究领域，创立了星系螺旋结构的密度波理论，成功地解释了盘状星系螺旋结构的主要特征，确认所观察到的旋臂是波而不是物质臂，克服了困扰天文界数十年的"缠卷疑难"，并进而发展了星系旋臂长期维持的动力学理论。在应用数学方面，他的贡献是多方面的，在数学理论方面，最突出的是他证明了一类微分方程中的存在定理，用来彻底解决海森伯格论文中所引起的长期争议。

在科学和教育的发展上，他对应用数学有独特的理解。他认为，把客观事物提炼为数学模型并加以解决，就是应用数学。他对星系螺旋结构的解释，是他的应用数学的典范。可以说，他是当代应用数学学派的领路人。

由于他的杰出贡献，自1951年起成为美国国家艺术和科学院院士，1962年起成为美国国家科学院院士。1994年当选为中国科学院外籍院士。林家翘教授曾担任美国数学会应用数学委员会主席、工业和应用数学协会主席。他曾获得美国机械工程师学会

Timoshenko 奖，美国国家科学院应用数学和数值分析奖，美国物理学会流体力学奖。1979 年先后被国内清华大学、北京大学聘请为名誉教授。

■5 香港和台湾地区的力学教学与研究

5.1 台湾大学应用力学研究所

台湾地区的力学发展较晚，1945 年之前，隶属于日本人管理，处于殖民地的地位，只有一所日本人在 20 世纪 30 年代办起来的帝国大学。不可能有独立的教育发展，更谈不上力学了。

1945 年日本投降后，当时的"中央政府"11 月派罗宗洛、陆志鸿等六人接管"台北帝国大学"，改称"国立台湾大学"；工学部改称工学院；土木工程学科改组成土木工程学系。中央研究院植物研究所所长罗宗洛教授为首任"国立台湾大学"校长。当时"国立中央大学"陆志鸿教授任工学院第一任院长。1946 年 8 月陆志鸿教授接任第二任台湾大学校长。

陆志鸿(1897—1973)，民国时期国内著名的金属和材料学家，1920 年以优异成绩免试升入东京帝国大学工学部，研究金属采矿。1923 年以论文"浮游选矿"荣登第一名毕业。陆志鸿 1924 年回国，在南京工业专科学校任教，1928 年工专并入"中央大学"，他任土木系教授，主要讲授工程材料、材料力学及金相学等课。当时学术界对于工程材料学及金相学方面的研究，尚无基础。他详加规划，筹建材料学及金相学实验室。经十年努力，使实验室的仪器设备冠于全国。其中 20 吨万能实验机，200 吨压力机，为当时国内稀有。这两台机器至今仍保持着良好的精度，继续为东南大学的教学与科研服务。陆志鸿著述主要有：《材料强度学》（商务印书馆1933年版）；《冶金学》（兵工学校1935年印）；《建筑材料学》（台湾书店1950年版）；《美国原子能研究之进展》（台北正中书局1951年版）；《钢铁与现代文明》（台北"中央文物供应社"1953年版）；《材料力学》（商务印书馆1954年版）；《电工材料》（台湾大学工学院1961年版）《工程力学》（1937年商务印书馆出版）、《工程材料学》、《工程材料试验法》、《金属物理学》等多种教材。他是我国自行编著材料力学教材的第一人。

林致平（1909—1993）江苏无锡人。交通大学土木工程系毕业；留学英国获哲学博士暨科学博士学位。先后任国民政府国防部航空机械学校高级教官及高级班主任、四川大学航空系主任，航空研究院结构组长，台湾航空研究院院长，台湾"中央研究院"数学所所长（1957—1963），台湾中兴大学第一任校长（1961—1963）。在弹性力学平面问题、弹性薄板的稳定性等问题上做出过有意义的研究，并且为铁木辛柯在他的著名的《弹性力学》教材中援引。抗日战争时期，林致平在四川工作时期曾经指导过力学家谈镐生和周光坰的工作。在林致平主持台湾"中央研究院"和数学研究所期间，由于他对力学课题中的数学问题有深入的研究，在台湾的数学界形成比较重视应用数学的风气。

1946年从大陆去台的丁观海教授（1911—1991）是1934年毕业于交通大学的，后曾留美在密歇根大学攻读物理，1938年回国后先后在山东大学、交通大学、"中央大学"任教，他一直是以讲授弹性力学见长的。他曾任台湾大学土木系的系主任并讲授弹性力学、弹性稳定性、分析力学、高等材料力学。丁观海1989年曾访问大陆。

1955年之后除台湾大学外，又建立了台湾清华大学、台湾成功大学等学校的理工科，这些学校都有力学课讲授，随之也就有一批力学家授课与研究。从1960年起，在台湾大学土木系成立研究所，后分出应用力学和结构力学等有关力学课题的研究组并且招收研究生。

　　1984年，按照台湾地区官方加强培育及延揽高科技人才方案，决定在台湾大学工学院内增设应用力学研究所。其目的是培养应用力学专业方面的教师与高级研究人才，以推进科技与经济建设。并以先进一流研究所为其建设目标。

　　该所成立后，聘任原美国康奈尔大学鲍亦兴教授为第一任所长。

　　这个研究所目前已有教师25名。目前研究方向有：细观力学、微电机系统、振动与控制、波动力学、环境流体力学等。每年招收硕士生约60名、博士生约10名。研究生来自大学机械、土木、航空、造船、农机、化工、物理、数学等专业的毕业生。研究生入学后，进行理论、实验和应用数学三方面的基础培养，然后进入专门课题的研究。

　　1987年研究所所在的应力馆大楼建成。1993年，该所举行成立10周年所庆，邀请大陆力学家多人访台进行学术讨论，这是海峡两岸力学界一次较大规模的聚会。

　　鲍亦兴（1930— ）1947年入上海交通大学土木系学习，1949年转台湾大学于1952年毕业。后于1959年获美国哥伦比亚大学博士。曾在美国康奈尔大学应用力学系任教授与系主任。1985年被选为美国工程科学院院士。从1984年开始到台湾在台湾大学应用力学研究所任所

鲍亦兴像

长。其专长为应用力学与波动理论与应用。值得称道的是,鲍亦兴先生在20世纪90年代之后,视力逐渐散失,但他仍然坚持教学与研究工作。从2002年起,他受聘于浙江大学教授工程力学课程,并且领导和组织有关的研究工作。

5.2 香港的力学教学与研究

香港是1997年按照中国和英国的协议回归大陆的。在回归之前,香港的力学的教学与科学研究比较薄弱。在香港没有专门从事力学研究的单位,从事力学教学与研究的大都是高等学校的教师。在回归之前,香港地区共有高等学校6所,它们是:香港大学、香港中文大学、香港科技大学、浸会大学、城市大学、香港理工大学。

1996年香港的一批力学教师联合成立了香港力学学会,首任会长由当时在香港科技大学任教的谢定裕教授担任。该学会规定会长每年换届,每年主持一次学术研讨会。在成立学会的同时,他们向国际理论与应用力学联合会(IUTAM)申报,经国际理论与应用力学联合会批准,接纳为会员协会。

香港的力学界结合香港的特点开展研究,他们的选题中,如关于台风机理的研究、海湾波浪和防波的研究、交通安全的研究,充分体现了香港的地区特色。

■6 1949年之后在力学研究中的一些重要成果

1949年之后,我国力学从向西方学习和模仿阶段进入独立发展的阶段。在这一阶段不仅成立了许多专门进行力学研究的研究单位,组建了许多专门培养力学高级人才的高等学校力学系科,形成了一支规模可观的力学队伍,而且取得了一些新的研究成果。我们不想,也无法罗列所有的这些成果。这里只简要叙述一些比较重要的成果。

6.1 计算力学方面的研究

随着电子计算机的快速发展,电子计算机与力学结合产生了计算力学的研究方向。计算机产生后,力学学科的研究手段,从只有理论、实验,增加为理论、实验与计算三种手段。计算机的强大威力淘汰了一些不适应计算机的过时的计算分析方法,适应计算机的特点发展了新的计算分析方法,在计算机的帮助下发现了许多新现象,如奇怪吸引子与混沌就是在计算机的帮助下发现的。

国际上,计算力学这一名词的出现大约是20世纪50年代末的事情。它是研究借助计算机求解力学问题、探索力学规律、处理力学数据的新学科。计算力学又是力学、数学、计算机科学的交叉学科。

在计算机发明后的早期,用计算机求解力学问题或别的问题仅仅利用了计算机计算速度快这一优点。紧接着而来的问题是程序工作量不能适应计算机的高速度。一台计算机需要数以百计的工作人员编程序才能喂饱。于是编写程序又成了合理使用计算机的瓶颈。人们想出了许多方法去解决这一困难。从20世纪50年代先后出现的符号汇编语言、FORTRAN语言、ALGOL语言等以及随之而迅速发展起来的软件产业,就是为解决这一问题应运而生的。

在适应于计算机求解力学问题节约程序人力方面,最成功的就是有限元方法的产生与发展。它的产生也是计算力学作为力学一个独立的分支学科形成的标志。

有限元法的思想尽管可以追溯得更早,如有人说有限元的思想是20世纪40年代美国人库朗(R. Courant)在1943年提出来的,有人说有限元是加拿大人辛格(J. L. Synge)在20世纪40年代提出来的,更有人说有限元是欧拉的折线法就包含的,还有人说在东汉刘徽的割圆术就是有限元法,不一而足。当然这些说法也不是完全没有道理,因为有限元法的思想的确是有一部分同上述人的工作有点联系,但是要知道,有限元法是同计算机紧紧相联系的。

事实是,在50年代中期世界上就有一批人在思考用计算机求解结构力学与连续介质力学问题,如曾经在英、德工作过的希腊人阿吉里斯(J. H. Argyris)在1956年、美国的特纳(M. J. Turner)、克拉夫(R. W. Clough)与马丁(H. C. Mardin)在1956年、苏联的符拉索夫(В.З.Власов)在20世纪50年代、中国的冯康在20世纪60年代初都提出了帽子函数插值或单元刚度的矩阵表示。所以很难说有限元的思想是那一个人的发明,它是一种世界性思潮的产物。

不过在有限元法的发展历史上的重要事件是,50年代末加里福尼亚大学伯克利分校的威尔逊(E. L. Wilson,1930——)在克劳夫指导下的博士论文《二维结构的有限元分析》,该论文于1963年完成了世界上第一个解决平面弹性力学问题的通用程序。这个程序的主旨是借助于它解算任何平面弹性力学问题不需再编程序了,只要按说明输入必要的描述问题的几何、材料、荷载数据,机器就可以进行计算,并且按照要求输出计算结果。有限元法的程序一经投产,立刻显出它的无比优越性,原来在弹性力学领域内对付平面问题,只有复变函数方法与平面光弹性方法两种,这两种方法在有限元法的对比下便渐渐退出了历史舞台。后来威尔逊在有限元程序系统方面还进行过许多有意义的研究,他编写了有限元的多种单元的程序SAP(structural analysis program),在他的指导下,他的研究生编写了非线性结构分析程序NONSAP,1981年他还最早编写了适应微处理机的程序SAP81。SAP程序经北京大学的曲圣年、邓成光、吴良芝等移植与修正,SAP81程序经袁明武扩充改造形成独立的版本SAP84,这两个程序在我国工程建设中发挥了重大作用。NONSAP经过美国巴特(Bathe)的改进形成有世界影响的非线性分析程序ADINA。

随后,结构分析的有限元软件迅速发展。包含二维元、三维元、梁单元、杆单元、板单元、壳单元、流体单元等多种单元,能解决弹性、塑性、流变、流体以及温度场、电磁场各种复杂耦合问题的软件以及软件系统不断出现。在10多年内生产与销售有限元软件形成了有相当规模的社会新产业,而且使用有限元法解决实际问题迅速在工程技术部门普及。

1960年克劳夫在匹兹堡举行的美国土木学会电子计算会议上的《平面应力分析中的有限元法》是最早提到有限元的论文。之后有限元的论文、文集、专著大量涌现,专题学术会议不断召开。新的单元、新的求解器不断提出,先后有等参元、高次元、不协调元、拟协调元、杂交元、样条元、边界元、罚单元等不同的单元,有带宽与变带宽消去法、超矩阵法、波前法、子结构法、子空间迭代法等求解方法,还有网格自动剖分等前后处理的研究,这些工作大大加强了有限元法的解题能力,使有限元方法逐渐趋于成熟。1988年出版的《有限元法手册》是有限元法发展的一个阶段总结。①

尽管有"文化大革命"的干扰，我国计算力学起步并不晚。1974年出版了以徐芝纶教授（1911—1999）为首的华东水利学院编写的《弹性力学问题的有限单元法》，这是国内最早出版的介绍有限元方法的专著。

1965年冯康（1920—1993）在论文《基于变分原理的差分格式》中证明了平面有限元的收敛性，这在国际上是最早的。

国内在有限元方法的软件方面最早的通用程序是1972年投产的由北京大学曲圣年等编制的平面有限元通用手编程序，被国内水利学界称为BD程序。20世纪70年代末大连工学院钟万勰教授编制投产的结构有限元分析程序JEGFEX，这是国内自编最早的一个多单元软件。

1973年到1974年北京大学武际可、王大钧等教授编制投产了旋转壳静力和动力分析的通用程序BS与BSD。这些程序在大型冷却塔、大型容器、火箭等结构分析中发挥了重要作用。

大连理工大学的程耿东教授在结构优化方面和结构拓扑优化方面做了一些开拓性的工作。

随后北京大学的袁明武教授在1984年引进编制发展了微处理机的结构分析程序SAP84。

利用计算机辅助编制计算力学软件，比较有成效的是中国科学院数学研究所梁国平研究员编制的FEPG（Finite Element Program Generator）是一个经过十年开发经过许多用户使用的软件系统，它是20世纪末投产的。用户只要按照要求输入必要的信

---

① 卡德斯图赛 H. 有限元法手册. 诸德超等译. 北京：科学出版社，1996

息，该系统就可以生成一个所需要的有限元分析的程序。目前已经增加了并行计算部分，并且在逐步增加非线性问题部分。

从20世纪80年代开始，国内有不少学者进行了边界元方法的研究。1986年胡海昌（1928—　）教授最早导出了一种新的边界元方程。按照传统的边界元方法，在给定应力边界部分，积分方程表现为第一类积分方程，但是第一类积分方程在近似求解时是不稳定的。新的积分方程在应力边界恰好是第二类积分方程，而在位移边界表现为第一类积分方程，所以它和传统的边界积分方程是对偶和互补的。随后胡海昌在北京大学指导了博士论文，利用这种新的积分方程求解了若干弹性力学问题，实践证明这种方法是很有效的。清华大学杜庆华教授领导下的研究集体，在改进和推动应用边界元方法方面做了许多有益的工作，并且组织了多次边界元方法的国际研讨会。

应当说，我国计算力学在推进国内工程结构分析方面是起了关键作用的，新的大型结构如上海南浦大桥、北京植物园温室主体结构、新的大批高层建筑、船舶、飞机结构都是靠这批软件的分析才建造成功的。

在结构的非线性行为和稳定性以及分岔行为的计算方面，武际可、朱正佑、程昌钧进行过系统的研究。1991年朱正佑和程昌钧写的《结构的屈曲和分岔》，1994年武际可和苏先樾写的《弹性系统的稳定性》是这方面总结国内外的工作和他们自己的研究工作的两本专著。这两本书，被许多单位用作研究生的教材和参考书。

还应当说，计算力学是新的学科，对老一代力学家来说是不熟悉的。不过老一代力学家的高瞻远瞩、大力提倡和推动，对我国计算力学的发展起到了非常重要的作用。力学学会第一届理事长钱学森先生在20世纪70年代曾经在力学学会讲过:"必须把计算机和力学工作结合起来,不然就不是现代力学,就不是现代化"①。在1995年他又说:"今日力学是一门用计算机计算去回答一切宏观的实际科学技术问题,计算方法非常重要;另一个辅助手段是巧妙设计的实验。"②力学学会的第二届理事长钱令希不仅自己刻苦学习原来不熟悉的计算机,而且推动大连工学院的教师研究计算力学,特别在最优化方面取得了重要成果,为此而获得国家自然科学二等奖。

6.2 固体力学方面的研究

在固体力学的研究成果方面,值得首先介绍的是关于弹性力学变分原理的研究。1954年,胡海昌在《物理学报》10卷2期上发表《论弹性体力学和受范性体力学中的一般变分原理》为题的论文。以前的弹性力学变分原理是说弹性体在外力作用下的总势能在所有的位移场中,以能使弹性体处于平衡的位移场为最小。即如果在弹性体总势能的泛函中以位移场为自变函数时,符合平衡的位移场使泛函取极小值。1950年美国力学家莱斯纳(Reissner)提出以位移场和应力场为自变函数的变分原理,称为二变量变分原理。而胡海昌的变分原理以位移场、应力场和应变场三个场为自变函数,称为三变量变分原理。后两个变分原理也称为广义变分原理。

胡海昌像

1955年日本学者鹫津久一郎也得到和胡海

---

① 钱学森. 现代力学——在1978年全国力学规划会议上的发言. 力学与实践. 1979 1(1):4~9
②《力学与实践》1995年,第17卷,第4期.

昌相同的结果。在当时和国外很少学术交往的条件下，国外并不知道胡海昌的结果。所以人们把三变量变分原理称为鹫津久一郎变分原理。在20世纪70年代，当时"文革"还没有结束，一批美籍华人科学家访华，得知胡海昌的成果，结果经过这批美籍华人科学家的介绍，国际上才知道最早得到这项成果的是胡海昌，此后国际上就以胡－鹫原理相称，连在鹫津久一郎自己写的书中也是这样称呼的。

在胡海昌的文章发表之后，中国还有一些学者把胡海昌的结果进行深化研究，其中20世纪60年代初钱伟长把广义变分原理与不定乘子法相联系。随后中国许多学者利用变分原理进行有限元方法的讨论得到许多有意义的结果。

在弹性力学方面，国内学者还对一些基本理论课题有所推进。北京大学郭仲衡（1933—1993）教授对于非线性弹性力学和连续介质力学基础方面做出了许多重要研究工作，并且他把现代微分几何方法和连续介质力学的研究结合了起来。

弹性力学所涉及算子的正定性问题，武际可在1978证明了基于直法线假定薄壳算子的正定性，随后王大钧和胡海昌合作，证明了任何基于弹性力学方程组所简化结构的方程都具有正定性。

弹性力学研究的另外一个具体的方向就是寻求弹性力学普遍方程组的通解或特解，并且讨论它们的性质。北京大学王敏中教授仔细总结和研究了弹性力学各种通解，并且对国外美籍华人徐皆苏和美国人Nagdi所改进的伽辽金解进行了严格的证明，证明了调和向量场和弹性位移场的互逆关系，并提出双向变换概念，开辟了通解研究的新方向。浙江大学丁皓江教授和北京大学的王敏中教授对于各向异性弹性体、旋转体的求解都取得了很好的结果。

国内塑性力学研究较早的学者是王仁、李敏华、黄克智、徐秉业、杨桂通、熊祝华、赵祖武等。1957年，前苏联的人造卫星上天、高速航空、航天器的研究，极大地推动塑性力学的研究。无论从减小飞行器的自重考虑，还是在高速飞行的条件下，由于飞行器要在很高的温度下飞行，为了使结构在高温下不致损坏，必须研究结构的塑性行为。他们把塑性力学的基本关系应用于求解结构的极限荷载、边坡稳定、安定性、炮管的自紧、混凝土的徐变等各种工程问题。杨桂通教授在弹塑性动力学方面做了许多开拓性的工作。王仁、熊祝华、黄文彬、黄筑平所写的《塑性力学基础》，杨桂通所写的《弹塑性动力学》是国内外在塑性静力学和动力学两个方面工作的很好的总结。这两本书被许多单位用做教材。

断裂力学和复合材料是20世纪70年代之后迅速发展起来的固体力学的两个方向。

断裂力学快速发展的起因是随着高强度金属材料的采用，一些结构破坏事故频频发生。原来高强度金属材料大都表现为脆性断裂，只要有一个元件破坏，会导致整个结构的破坏。它不像塑性大的金属，在应力达到结构元件屈服极限时，结构内的应力会重新分布，使原来受力较小的元件增加应力，这样整个结构还不至于破坏。在断裂力学方面，大多研究结构元件有一些微裂纹，利用弹塑性力学研究元件的承载能力。国内断裂力学较早的先行者有原钢铁研究院的陈篪、北京大学的董铁宝和他的研究生范天佑，后来哈尔滨船舶工程学院的高玉臣、清华大学的黄克智、杨卫、科学院力学研究所的柳春图、王自强、哈尔滨工业大学的杜善义等，都在断裂力学方面做过很好的研究，取得了世人瞩目的成果。

复合材料其实是很早的一种技术，最早可以追溯到用麻刀加入石灰或泥中来抹墙以减少裂纹，后来的钢筋混凝土可以看作这一想法的发展。混凝土、石灰和泥都是脆性材料，而且拉伸强度都很低，掺入钢筋、麻刀等抗拉强度高的材料可以相互补偿，达到更好的效果。20世纪70年代之后，在航空和航天等技术领域内广泛采用高强度金属、陶瓷等脆性材料，如何掺入一些其他材料以增加它们的可塑性或韧性，就形成一个非常重要的研究方向。通常掺入的材料是碳纤维或钛纤维。掺入的纤维是随机分布好还是按使用要求寻求最佳的铺层方向和分量更好，这些都是很现实的课题。适应复合材料研究的需要，1984年国内创刊了《复合材料学报》，由力学家王俊奎担任主编。我国在复合材料方面进行过研究工作的学者很多，这些工作的课题大都来自生产实际问题，并且为改进复合材料的生产与加工发挥了很大的作用。

　　在固体力学的研究中，实验始终是一种重要的手段。天津大学的贾有权教授在国内开展了光弹性方面系统的研究，进行了三维光弹性、应力冻结法、贴片法等方面的探索。他还自制了侧向应变仪等。

　　中国科学技术大学的伍小平教授是该校应用力学研究所所长。长期从事实验力学研究。在应用激光测量时对空间散斑运动规律进行了系统的研究，发展了部分相干光散斑干涉的统计分析。提出把散斑干涉做非接触式随机振动和冲击测量的技术、水洞中船用螺旋桨在水动力作用下变形测量技术、用于细观变形场的显微全息光弹性技术、显微全息散斑技术和显微白光彩色散斑计量技术等。研制了新型电子散斑干涉仪等。1997年伍小平当选为中国科学院院士。北京大学的苏先基教授是系统进行动态光弹性实验的先行者，他自制的多镜头动态光弹性仪，原理简单、操作简便，成本低，深受研究者的喜爱，并且完成了多项理论与应用研究。

从20世纪60年代起，国外发展了一种测量应变的云纹法，这种方法是在固体表面贴上非常细密的条纹贴片，在它变形时与参照条纹产生干涉，从干涉条纹就可以计算出固体表面的变形。北京大学苏先基教授在70年代初，把这种方法介绍到国内，并且开展了研究。但是，这种方法的基础是要刻画出很精细的条纹贴片。清华大学的戴福隆教授在研制光栅贴片上取得了很大的进展，以致国外许多学校和企业还要购买他们生产的贴片进行实验。

6.3 流体力学方面的研究

在流体力学方面首先应当提到的是一大批实验设施的建立，1958年在北京大学首先建造了直径2.25 m的低速风洞。20世纪60年代初在四川绵阳建立了我国空气动力学实验基地，即中国空气动力研究与发展中心。我国的风洞建设发展迅速。1977年，中国空气动力研究与发展中心建成亚洲最大的低速风洞，串联双试验段：8 m × 6 m 和 16 m × 12 m，风速100 m/s，功率7800 kW。1999年，又建成具有世界规模的跨声速风洞，试验段口径2.4 m，马赫数0.6~1.2。

到20世纪70年代，风洞不仅被大量用于航空和航天的研究，也被用于工业与民用建筑的风载荷、大气中污染源的扩散规律、车船阻力等方面的研究。20世纪80年代初，又在北京大学建立了大型大气边界层风洞，实验段的尺寸为2 m × 3 m。随后，在同济大学等单位也建造了类似的风洞,用于结构、桥梁的风载和环境的研究。

在水动力学研究的设施方面,中国船舶总公司下属的702研究所,1958年先在上海,后在无锡,先后建成空泡水筒、露天船池和各种性能的船池。成为我国船舶力学和水动力学的实验基地。

1958年在北京大学,后来在中国科学院力学研究所、四川绵阳空气动力实验基地都发展了激波管技术。为高速和超高速空气动力学提供实验数据。

这些实验设施的建成为推进我国的航空航天、船舶工业、工业和民用结构的研究起了很大的作用。

在流体力学理论方面的研究,首先应当提到的是湍流的研究。中国湍流研究的开拓者无疑是周培源教授,他的成就已如前述。在湍流研究方面做出突出成果的学者还有谈镐生、周恒等。

谈镐生(1916—2005)20世纪60年代发现了网格湍流负二次幂衰减律。在自由分子流、旋翼边界层、激波马赫反射、马赫波锥相互作用和分离流等方面都取得重要成果。谈镐生在学术上,一贯强调力学学科的基础性质,在1978年,我国制定科学中长期规划时,一开始,有些人认为力学是技术学科,而没有把力学列入计划。为此谈镐生直接上书邓小平,邓小平同志根据谈镐生教授的建议批示,将力学归入基础学科规划。它正确地反映了自然科学发展的内在规律,正确地反映了力学的学科属性和历史

谈镐生像

发展的潮流，其影响将是深远的。

天津大学**周恒**（1929— ）教授利用俄罗斯学者Liapunuof发展的判定常微分方程稳定性的方法，研究在小扰动下流体稳定性方面取得了一些重要结果。

在流体力学的数值计算方面，北京大学的吴望一教授、吴江航教授、中国科学院力学研究所的傅德熏教授、中国空气动力研究与发展中心的张函信教授、航天部701所的庄逢甘教授、香港科技大学的许为厚教授等都做过很好的工作。他们在超音速流动、黏性流体流动、不可压缩流体的流动等方面提出了行之有效的插分格式，为推进我国的航空和航天工程做出了成绩。

中国科学院胡文瑞教授开拓了我国的微重力研究。随着人造卫星的应用发展，微重力的研究愈益显得重要。这是因为在人造卫星上，重力的表现很微弱。人们利用这一条件可以进行在地面上不可能做到的实验和晶体加工。微重力条件下的流体行为的研究为更有效地利用人造卫星上的微重力环境提供理论根据。

6.4 力学其他方向的研究

现在我们简略地介绍一下近年来多自由度系统、爆炸力学和生物力学方面的情况。

多自由度系统的力学，通常称为一般力学。分析力学、刚体力学和多刚体力学系统、力学系统的振动和控制、近年来的非线性动力学等方向是一般力学的主要研究内容。

浙江大学的**汪家诔**（1915— ）教授，曾著有《分析动力学》并且较早对三体问题和人造卫星的运动进行了研究。北京理工大学的梅凤翔教授（1938— ）多年来从事非完整约束系统动力学的研究。写有多部专著。

在运动稳定性和非线性振动方面，有一些力学家如北京大学的朱照宣教授（1930— ）、天津大学的陈予恕教授（1931— ），早期多是研究非线性振动的。也有一些数学家如数学研究所的秦元勋、北京大学的张芷芬，他们多是从微分方程的定性分析来做工作的。

在20世纪80年代之后，研究非线性振动的学者多转向研究非线性动力系统的混沌和有关的课题。20世纪80年代之后，国际上兴起一股非线性科学热。讨论新近发现的动力系统的孤立波、混沌、分形、分岔、斑图动力学等新概念和有关的课题。一批数学家、力学家和物理学家合作开展这方面的研究和探索。从20世纪90年代起，国家曾经资助这种合作，设立非线性科学项目。复旦大学的谷超豪教授（1926— ）、南京大学的孙义燧教授（1936— ）先后是这个项目的首席专家，参加者有各大学、研究所的有关专家数十人，如北京大学的朱照宣、理论物理所的刘寄星教授等。多年来发表了一批有影响的论文，取得了一些重要成果，如孙义燧教授在天体力学定性理论和非线性天体力学的研究中，得到了三体问题中三体运动轨道根数变化范围的充要条件，彻底解决了三体轨道形状和空间位置的变化范围问题。证明了三体问题椭圆Euler特解对应惯量矩的最大下界便是所有有界运动惯量矩的最大下界。首先发现并证明了不具有Hamilton结构的保守系统中，余维1(即比空间维数低1维)不变环面的存在性，此结果否定了两个著名的猜测：保守系统的拟遍历猜测和Pesin关于保体积映射非零Liapunov指数的猜测。

爆炸力学是1949年之后在我国开始研究的一门分支学科。它研究高速爆炸和冲击下物质的力学行为。中国科学院力学研究所的郑哲敏院士（1924— ）、北京理工大学的丁儆教授（1924— ）和核工业部第9研究院的经福谦院士（1929— ）是这门学科的开拓者。

郑哲敏像

郑哲敏院士（1924— ）开展的流体弹塑性物体在爆炸条件下的相似性研究，是岩土爆破、爆破成形、穿甲破甲、核爆炸、瓦斯突出等方面进行研究的理论基础。郑哲敏院士在中科院力学研究所创建了非线性连续介质力学研究室。

1958年丁儆在北京理工大学（当时是北京工学院）领导建立了可以研究破片杀伤和聚能爆炸的实验室。他主持研究了一些新型的雷管、装药方式和聚能炸药，为我国国防建设做出了贡献。郭永怀教授曾经指导过这个实验室的工作，丁儆教授与郭永怀教授进行了富有成效的合作。

经福谦教授是我国内爆研究的开拓者。高能量密度的极端条件下，物质的性态研究是现代物理学的一个重要研究方向。它又是一门交叉学科。其中能量聚集系统主要是力学学科的问题，而高能量条件下物质的行为则与凝聚态物理、等离子体物理、核物理等学科相关。采用内爆的方法是造成高能量聚集的重要手段。经福谦教授从1961年起就参与和组织我国的内爆研究，取得了许多重要成果，积累了大量的资料和经验。

生物力学是20世纪60年代之后形成的一门新学科。华裔科学家冯元桢在世界上是一位生物力学的先行者。多年来他所在的加州理工学院、加州大学圣地亚哥分校不断吸收中国访问学者，太原理工大学杨桂通教授、上海复旦大学的柳兆荣教授等都曾经作为访问学者和冯元桢教授进行过合作研究。因此国内开展生物力学研究起步也比较早。杨桂通教授对骨力学的研究、清华大学席葆树对于人工心脏瓣膜的研究、柳兆荣教授对血液循环的研究，四川大学以康振黄教授（1920— ）为首的研究集体所开展的生物组织的研究，都具有相当的水平。

■7 周培源、钱学森与中国的力学

在20世纪中国吸收与发展力学学科的过程中，涌现了成百上千的成果累累的优秀学者。其中有像周培源、钱学森、郭永怀、钱伟长等我国现代力学的奠基人。我们从中选择了两位德高望重的力学家（周培源与钱学森）着重加以介绍。在1982年中国力学学会第二届理事会的常务理事会上，他们两位被推举为中国力学学会的名誉理事长。他们的业绩足可以作为中国力学界的楷模与骄傲。在第三章我们已经介绍过周培源在1949年之前的情况，这里我们补充介绍他在1949年之后的工作。

周培源像

7.1 周培源的简历

周培源（1902—1993）是辛亥革命之后我国较早派出的留学生之一。在早期的留学生中学工的占大多数，学理科的是少数，而学理科的又是学实验物理的占多数，像周培源这样学理论物理的，真是凤毛麟角。

周培源数十年从事教学，他培养了数代知名学者和数以千计的物理与力学专门人才。国内早期从事理论物理的人很少，他在清华大学时，理论力学、量子力学、相对论等课不得不由他一人来上，后来这些课逐步交给他的学生去教。国内外物理界与力学界的许多著名学者如彭桓武、胡宁、王竹溪、钱三强、林家翘、于光远等都曾经受业先生门下。他是当之无愧的一代宗师。

1949 年之后周培源一直在国内做教学与研究工作。他曾任清华大学与北京大学教务长、北京大学副校长、校长、中国科学院副院长、中国科学技术协会主席、中国物理学会理事长、中国力学学会副理事长。他还是我国最早的国际理论与应用力学联合会的理事。

周培源在科学研究方面，集毕生的精力于两个力学与理论物理的最难的问题：湍流与广义相对论。在两个领域中都取得了世人瞩目的成就。

在广义相对论方面，20 世纪 70 年代他与他的学生们把严格的谐和条件作为一类物理条件从而得到了一系列的新的解。周培源在广义相对论方面在国际上是以"坐标有关论"而独树一帜。沿着这条思路，周培源在 1979 年把严格的谐和条件作为一个物理条件添加进引力场方程中，10 年内，他和北京大学的同事以及他在高能物理所的学生一起发表了多篇论文，其中包括无限平面、无限长杆、围绕无限长杆作匀速转动的稳态解和严格的平面波解。

面对当前存在的两个解，即坐标无关论者的史瓦西解和坐标有关论者的郎曲斯解，从 20 世纪 70 年代开始，周培源和他的学生李永贵开始从事测量与地面垂直和与地面平行的两种光速的比较实验，希望回答两种解中哪一种更符合实际。理论上，史瓦西解得到的两种光速的一级近似之差与光速之比为 7×10^{-10}，而郎曲斯解的这一比值为零。目前，李永贵所获得的这个比值在准确到 10^{-9} 时表明：两种光速是相等的。这项实验仍在进行中，以期取得更高一级的近似。这是"坐标有关论者"同"坐标无关论者"两种理论较量中的关键性实验。它的进一步结果，将是整个物理界所关心的。

在湍流领域，周培源在20世纪40年代给出的前述解法国际上称为"湍流模式理论"的基础，在国际上被誉为"现代湍流数值计算的奠基性工作"。近数十年的发展，由于高速电子计算机计算能力的发展，愈益显示出该解法的重要性。世界各国不少人沿循他的方法进行开拓，形成了"湍流模式理论"流派。

20世纪50年代，周培源利用一个比较简单的轴对称涡旋模型作为湍流元的物理图像来说明均匀各向同性的湍流运动。利用湍流衰变后期雷诺数比较小的特点，周培源和他的学生蔡树棠得到了最简单的均匀各向同性湍流的后期衰变运动的二元速度关联函数，在这一思路的基础上，他的学生黄永念用同样的方法，得到了均匀各向同性湍流三元速度关联函数。10年以后，这个三元速度关联函数被佩纳特（Bennett）与柯尔辛（Corsin）的实验所证实。

与此同时，周培源还与他的学生是勋刚、李松年对高雷诺数下（即衰变初期）的均匀各向同性的湍流运动进行了研究，得到了与实验符合的均匀各向同性湍流在早期衰变运动的二元和三元速度关联函数。

为了统一湍流在初期和后期衰变的模型，1975年，周培源提出"准相似性"的概念及与之相适应的条件。他与黄永念把这两个不同的相似性条件统一为一个确定解的物理条件——准相似性条件。这个条件在1986年由北京大学湍流实验室魏中磊、诸乾康、钮珍南和俞达成的实验所证实,从而在国际上第一次由实验确立了从衰变初期到后期的湍能衰变规律和微尺度扩散规律的理论结果。其后,周培源又与黄永念计算得到衰变各期的能谱函数、能量传递函数等等。这些结果都得到国际同行的赞许。

20世纪80年代以来,周培源又将所取得的结果与准相似条件推广到具有剪切应力的普遍湍流运动中去,并引进新的逼近求解方法,得到了新的结果。

为了表彰周培源1950年后在湍流领域里取得的重大研究成果,1982年,国家科委授予他自然科学二等奖。

周培源除了从事理论研究外,对有关的测量仪器的研制和实验设备的建设也十分关心和支持。北京大学湍流测量仪器与实验设备的研制建设工作数十年来一直得到他的指导和鼓励,取得了多项重要成果。

1952年,全国高等院校进行调整,周培源来到了北京大学。在他带领下,北京大学创办了我国有史以来第一个力学专业。

在组织学校教学中,重视有学识的教师,乃是周培源一贯的教育思想。在力学专业办学过程中,他经过多年努力,聘请国外新归来的学者来校任教,聘请国外专家来系讲学,例如,他曾两度亲自致函聘请胡海昌来系任教,并亲自带头听前苏联专家讲课,给学生和其他教师作出表率。力学专业从一开始只有5名教员逐步发展到有近百名教师的队伍,他们为国家培养了大批大学毕业生和研究生。

在"文化大革命"的那场浩劫中,当"理科无用论"盛行时,周培源是知识分子中敢于顶这股邪风的中流砥柱。1972年周培源先在科教组理科座谈会上发言,后在人民日报上发表了《对综合大学理科教育革命的一些看法》,又直接上书周恩来陈述应当重视基础理论的主张,并且提出关于如何加强基础理论研究的建议。例如他列举牛顿力学当年并不是为了直接解决生产问题而是解决行星的运行问题的,他还举早先发展核物理的理论研究后来才有核工程的出现,用来说明理论研究的重要性。他的这些中肯意见却受到了批判,批判他的人把他的论点歪曲为科学研究的选题要考虑"三百年后用得上",然后在全国性的刊物上大加讨伐。周培源没有被批倒,他那刚直不阿的形象深深留在知识分子心中。

如果说科学精神就是执着地追求真理、坚持真理、捍卫真理,那么周培源教授的一生就是这种执着精神的写照。他在晚年曾经这样来总结自己的一生:"独立思考、实事求是、锲而不舍、以勤补拙。"他坚持两个领域中的难题研究,跨越半个世纪之久,克服了重重困难,取得一个个新的进展,不能不说是锲而不舍的典范。

周培源在总结自己的科研活动时,又概括地提出:"一个新的科学理论必须同时满足三个条件:一要能说明旧理论能说明的现象;二要能解释旧的科学理论所不能解释的现象;三要能预见到新的科学现象并能用实验证明它。"这些精辟的见解是周培源在科学研究中以科学的态度独立思考的理论概括。

周培源在科学研究上孜孜不倦,勤奋进取,敢于啃硬骨头。20世纪50年代后,他在繁忙的社会活动与行政工作之余,从不放弃利用点滴时间进行科学研究中的思考。1989年,在他年近90岁,身患心肌梗塞,卧床住院期间,仍然亲自指导他的博士生撰写论文，并亲自对公式逐个加以校验。周培源这种一丝不苟的精神，不能不在后辈科研人员身上产生深远的影响。

7.2 钱学森的简历

钱学森像

钱学森（1911— ）出生于上海，自幼随父在北京接受初等与中等教育。1929年中学毕业后他考入上海交通大学。1934年在交通大学毕业后，考取了清华大学的公费留学，1935年赴美在麻省理工学院航空系学习，1936年转学到加州理工学院师从冯·卡门学习力学。1939年6月钱学森以《高速空气动力学》为题的论文获得博士学位。后来成为冯·卡门的助手留校工作。1942年美国军方委托加州理工大学举办喷气技术训练班，钱学森是教员之一，与美国陆海空军人员有了接触，后来美国从事火箭导弹的军官中有不少是他的学生。1945年在冯·卡门的推荐下，钱学森被美国空军聘为科学咨询团成员。同年5月二次世界大战结束前，钱学森随团去欧洲考察英、德、法的火箭技术发展。这时他被定为副教授。

1946年钱学森转到麻省理工学院，次年升为教授。1948年后，钱学森加紧了回国的准备，其间他曾受到美国当局的怀疑与迫害。经过不断努力，又经过中华人民共和国的外交交涉，钱学森终于在1955年回国。

钱学森回国后历任中国科学院力学研究所所长、中国力学学会第一届理事会理事长、1958年任中国科技大学近代力学系主任、1965年任第七机械工业部副部长、1970年任国防科学技术委员会副主任、中国科学技术协会主席等职。他是中科院最早一批院士。

钱学森是著名的力学家、航空专家与火箭专家。作为力学家,他在流体力学、固体力学、一般力学方面都有重要贡献。作为航空与航天专家,他在空气动力学,飞机火箭有关的结构力学、飞行控制方面都是造诣很深的专家,他是一位有多方面才能、少有的学者。他是中国火箭、导弹与航天事业的开拓者。

1956年10月,在聂荣臻元帅主持下经过钱学森组建的、以研制导弹为重任的国防部第五研究院宣告成立,钱学森为分配来的156名大学毕业生开了《导弹概论》的培训课。后来这批学员成了中国火箭、导弹的骨干力量。1960年成功发射了近程导弹,1964年发射成功了中近程导弹,1966年中近程导弹与原子弹的联合发射成功,1970年4月24日中国的第一颗人造卫星的成功发射,无一不包含着钱学森的学识、智慧与辛勤劳动。

在力学的科学研究方面,由于钱学森的涉猎很广,要想在短短的篇幅中全面介绍是不可能的。

在科学技术上,超前的眼光是科学家最可宝贵的素质,纵观钱学森一生所涉猎过的研究选题,人们可以有一个深刻的印象。从20世纪30年代起,在飞机还在低速飞行时,他选择考虑空气的可压缩性、跨声速、超音速空气动力学课题并且得到了像被称为卡门-钱方法等那样重要成果;当人们大多在探讨弹性结构的线性理论时,他却从事薄壳的非线性稳定性理论的研究,成为这方面的开创性的成果。他参加了火箭技术的早期探索研究。他最早用指导控制与制导的一般眼光,并且探求它的普遍原理与方法,写出了《工程控制论》于1954年出版,这本书获得了1956年国家自然科学一等奖。此外他还提出应当重视物理力学、系统科学研究的有益见解。

由于钱学森的科学技术贡献,1991年10月16日国务院、中央军委授予他"国家杰出贡献科学家"的荣誉称号。

8 小结

1949年之后,中国的力学事业开始走上了独立发展的道路。至20世纪末,中国的力学已经有了相当的规模。到1995年,已有力学专门研究单位约110个,其中有涉及基础力学、航空航天力学、船舶力学、建筑结构力学、道桥力学、灾害力学、矿山力学、水利力学、车辆力学等等事业门类。力学期刊26个,力学硕士点217个,博士点57个,力学学会会员达2万多人。到目前为止全国高等学校的力学专业有88个,不少力学研究成果为国际所瞩目。

在力学研究中,如果说在1949年以前,选题基本上是从国外杂志上来选题或是国外导师指导给题,而到目前有相当部分的选题是来自我国工程和国防建设。力学研究推动了我国工农业现代化和国防现代化,力学在我国真正成为现代工业的理论基础。

在教学中,如果说1949年以前所采用的力学基础课教材基本上是西方的原版教材,只有少量是翻译的,更少的是自编讲义,而到目前则大部分用的是国内专家自编的教材,只有少量是翻译的,还有少量是原版教材。

1949年之后我们已经有三代力学家。1949年之后的我国第一代力学家多是海外归来的学者或从其他行业转行来开展力学教学与研究的。他们所培养的第二代数以千计的力学家,即20世纪50或60年代初的大学毕业生,在推动我国各项事业上已经做出了出色的贡献,目前也已退休。而由第二代力学家所培养的数以万计的力学家,目前正在各种岗位上辛勤工作着。

不过,我们也应当看到,我国的力学发展还存在一些问题。这些问题主要是:在力学研究上,存在注重当前忽视长远;在教学上,存在重专业教学而忽视或轻视基础课教学的倾向;在学术评价上,有重视外国人而轻视本国专家的现象;在研究管理上有过分重视论文成果而轻视软件、实验装置、发明和积累性研究工作等成果的倾向。应当看到,所有这些现象,都是急功近利观点在力学研究和教学上不同方面的反映。

在全社会对力学研究的重视程度上,也反映出急功近利的观点。1958年,当两弹任务突出时,力学受到几乎是全社会的重视。而当两弹任务过关后,似乎力学就没有那么重要了。人们把大量的人力物力投向纳米技术、微机械技术、软件技术、分子生物技术等比较有轰动效应的方向上。其实,即使是这些有轰动效应的时髦方向上,力学也仍然是一方面重要的基础。

应当看到,1949年之后,我们逐步有了一支独立的力学研究队伍,开始走上独立发展的道路,但近三百多年我们从拒绝到学习的漫长过程的一些特点对现在仍然留有阴影。时而外国的一切都好,一切照搬照抄,时而又外国的一无是处闭关锁国。在1966年"文化大革命"之前,由于我们一边倒的政策,在科学研究和教学上,基本上是照抄前苏联的经验,而对欧美的经验很少考虑。在"文化大革命"的10年中,这种情况向前发展,完全处于闭关锁国的状态。在20世纪80年代,国家实行开放的政策,这种情况才有了根本的改变。不过,在向国外学习的同时,也出现了一些人认为外国的一切都好,照搬照抄的现象。

通过上面粗略列举的这些问题，我们看到，那些长期使我国科学技术落后，使我们即使向西方学习也经过漫长曲折的历程的那些原因的阴影，仍然在影响着我们。在本书开头我们分析过的那些阻碍力学与现代科学发展的因素，或多或少地仍在起作用。

其实，从历史的长河来看，力学是最长远起作用的学科。我们不要忘记马克思的话：力学是"大工业的真正科学的基础"①，不要忘记恩格斯的话："认识机械运动，是科学的第一个任务"。②也不要忘记我们自己的历史经验，正是我们有了一支相当规模的力学队伍，我们的许多工业和国防建设的难题才得以解决。

历史的经验值得记取。美国研究科学史的学者科恩说："李约瑟认为，中西方科学的一个不同点（也许是最主要的）在于，前者颇具实用的特点。大马士革的学者阿尔珈兹（Al Jahiz）约在830年前就认识到这一点，他写道：'奇怪的是，希腊人对理论颇感兴趣但又不为实践所累，而中国人对实践兴味盎然但对理论则多有忽视。'李约瑟则提醒说，这并不意味着中国普遍缺乏关于宇宙的哲学思想，例如中国11世纪和12世纪新儒学的综合。然而，中国人不是如希腊人那样的体系的构建者。中国11世纪的程明道（即程颢）曾问道：'他们仅仅力图理解高级事物而不研究低级事物，其对高级事物的理解怎么能是正确的呢？'③"在我们思考我们的力学现在和将来时，是应该好好思考科恩的这段意味深长的话的。我们应当牢牢记住，正是中国历史上这种特点，才使中国人在科学上落后了多个世纪。现在难道我们已经解脱了这种思考问题定式的桎梏么？

① 马克思.剩余价值理论 第二册.见：马克思恩格斯全集26卷.北京：人民出版社.116
② 恩格斯.自然辩证法.北京：人民出版社，1971.230
③ "惟务上达，而无下学，然则其上达处其有是也"．《河南程氏遗书》卷13

历史的经验值得记取。前面我们说过，科学是和民主共生的。科学是人类认识自然的民主精神。它反对认识自然上的任何武断和专制。科学所采用的民主方法和手段，不是以多数人的个人意愿来决定是非，而是用"摆事实，讲道理"的方式来决定是非。所谓摆事实，就是靠观察和实验来揭示事实，一个与观察或实验不符合的理论就可以被否定。而所谓讲道理，就是靠逻辑推理，包括数学推演和计算来由已被验证了的理论得到新的结果，一个与已被验证了的理论在逻辑上产生矛盾的理论也可以被推翻。任何人和任何集团都可以用这两种手段为科学认识添加新的结果，也可以用这两种手段推翻和否定已有的理论。所以民主和科学精神的提倡，实际上是在为现代科学的传播开辟道路。正是五四运动之后，中国的有识之士提出民主和科学的口号，对我国科学事业产生极大的推动。在我们进行社会政治改革，逐步推进社会民主的时候。发扬学术民主又是推进科学前进的必要条件。在力学学科的发展、学术评价、人才培养等诸多问题中，如果能够充分发扬学术民主，而不是采用行政命令的方式或"权威"说了算的方式来处理问题，这些问题也许就能够得到更为合理的解决。

参考文献

1. 熊月之. 西学东渐与晚清社会. 上海：上海人民出版社，1994
2. 李兰琴. 汤若望传. 北京：东方出版社，1995
3. 谢和耐 J. 中国文化与基督教的冲突. 于硕等译. 沈阳：辽宁人民出版社，1989
4. 邓玉函口授，王徵译绘. 远西奇器图说. 上海：商务印书馆，1936
5. 怀特海. 科学与近代世界. 何钦译. 北京：商务印书馆，1997
6. 顾准. 顾准文集. 贵阳：贵州人民出版社，1994
7. 爱因斯坦. 爱因斯坦文集 第一卷. 许良英，范岱年编译. 北京：商务印书馆，1976
8. 穆勒. 穆勒名学. 严复译. 上海：商务印书馆，1932
9. 李约瑟. 中国科学传统的贫困与成就. 科学与哲学，1982(1)：35
10. 严复. 严复集. 北京：中华书局，1986
11. 梁启超. 中国近三百年学术史. 北京：中国书店，1985
12. 阮元. 畴人传. 上海：商务印书馆，1933
13. 施宣圆. 徐光启. 南京：江苏古籍出版社，1984
14. 戴念祖，老亮. 力学史. 中国物理学史大系. 长沙：湖南教育出版社，2001
15. 戴念祖主编. 20世纪上半叶中国物理学论文集粹. 长沙：湖南教育出版社，1993
16. 戴念祖. 中国力学史. 石家庄：河北教育出版社，1988
17. 伟利亚力口授，李善兰等笔录. 谈天. 上海：墨海书馆，1859
18. 艾约瑟口译，李善兰笔录. 重学. 钱氏刊本，1859
19. 中国科学技术协会编. 中国科学技术专家传略 力学卷I，II. 北京：中国科学技术出版社，1993，1997
20. 武际可. 力学史. 重庆：重庆出版社，2000

21　武际可，隋允康主编.力学史与方法论论文集.北京：中国林业出版社，2003

22　梅照荣主编.明清数学史论文集.南京：江苏教育出版社，1990

郑重声明 高等教育出版社依法对本书享有专有出版权。任何未经许可的复制、销售行为均违反《中华人民共和国著作权法》，其行为人将承担相应的民事责任和行政责任，构成犯罪的，将被依法追究刑事责任。为了维护市场秩序，保护读者的合法权益，避免读者误用盗版书造成不良后果，我社将配合行政执法部门和司法机关对违法犯罪的单位和个人给予严厉打击。社会各界人士如发现上述侵权行为，希望及时举报，本社将奖励举报有功人员。

反盗版举报电话：（010）58581897/58581896/58581879
传　　真：（010）82086060
E – mail: dd@hep.com.cn
通信地址：北京市西城区德外大街4号
　　　　　高等教育出版社打击盗版办公室
邮编：100011

购书请拨打电话：（010）58581118